Vanessa Fuchs

Antibiotikaresistente Bakterien im Abwasser

Vanessa Fuchs

Antibiotikaresistente Bakterien im Abwasser

Isolation von Enterobacteriaceae mit Resistenzen gegen Reserveantibiotika aus dem Abwasser der Stadt Graz

Lehrbuchverlag

Imprint
Any brand names and product names mentioned in this book are subject to trademark, brand or patent protection and are trademarks or registered trademarks of their respective holders. The use of brand names, product names, common names, trade names, product descriptions etc. even without a particular marking in this work is in no way to be construed to mean that such names may be regarded as unrestricted in respect of trademark and brand protection legislation and could thus be used by anyone.

Cover image: www.ingimage.com

Publisher:
Der Lehrbuchverlag
is a trademark of
Dodo Books Indian Ocean Ltd. and OmniScriptum S.R.L publishing group

120 High Road, East Finchley, London, N2 9ED, United Kingdom
Str. Armeneasca 28/1, office 1, Chisinau MD-2012, Republic of Moldova, Europe
Managing Directors: Ieva Konstantinova, Victoria Ursu
info@omniscriptum.com

Printed at: see last page
ISBN: 978-620-0-45017-3

EXPOSÉ
Isolation von Bakterien mit Resistenzen gegen Reserveantibiotika aus Abwasser

Vanessa Fuchs

Hintergrund

Die Enterobacteriaceae sind eine vielfältige Bakterienfamilie, zu denen verschiedene Bakterienarten wie *Escherichia coli*, *Klebsiella* spp. und *Enterobacter* spp gehören (1). Diese gramnegativen Stäbchen, einige davon (fakultativ) pathogen, haben ihr natürliches Habitat im Darmtrakt von Mensch und Tier (2). Besonders bedeutsam ist ihre Rolle bei der Antibiotikaresistenz, da dadurch die Behandlung von Infektionen erschwert wird (1).

Beta-Laktam Antibiotika spielen bei der Bekämpfung von den Enterobacteriaceae eine zentrale Rolle. Sie binden kovalent an das Penicillin-bindende Protein (PBP), wodurch die bakterielle Zellwandsynthese gehemmt wird (3). In gramnegativen Bakterien ist die Hauptursache für eine Resistenz auf Beta-Laktam Antibiotika die Produktion von Beta-Laktamasen. Das sind Enzyme, die den Beta-Laktam Ring der Antibiotika hydrolysieren und somit unwirksam machen (4).

Zu den Beta-Laktam Antibiotika zählen auch die Carbapeneme wie unter anderem Meropenem, Doripenem, Ertapenem und Imipenem (5). Carbapeneme weisen eine breite Wirksamkeit gegen grampositive und gramnegative Bakterien auf und werden daher oft als

Reserveantibiotika eingesetzt (6). Die Resistenz gegen Carbapeneme wird häufig durch Carbapenemasen vermittelt, von denen viele zur Gruppe der Metallo-Beta-Laktamasen (Ambler Klasse B) gehören (7).

Antibiotikaresistente Enterobacteriaceae sind nicht nur in medizinischen Einrichtungen weit verbreitet, sondern werden in letzter Zeit auch immer häufiger in gesunden Menschen, Tieren oder anderen Orten in der Umwelt, wie Oberflächengewässer, gefunden (8). Viele Antibiotika, die sowohl im Haushalt als auch im Krankenhaus eingesetzt werden, landen letztendlich im Abwasser. Kommunale Kläranlagen zählen daher zu den Hauptquellen von antibiotikaresistenten Bakterien und Antibiotikaresistenzgenen, die dann auch in die Umwelt gelangen können. Zudem stellt der horizontale Gentransfer von Antibiotikaresistenzen zwischen verschiedenen Bakterienarten ein besonderes Problem im Abwasser dar (9). Durch die Stabilisierung der Antibiotikaresistenz in den Oberflächengewässern steigt die Chance für Reinfektionen beim Menschen mit schwer zu behandelnden Bakterien. Aus diesem Grund stellen antibiotikaresistente Enterobacteriaceae eine wachsende Bedrohung für die öffentliche Gesundheit dar. Besonders besorgniserregend sind allerdings die Enterobacteriaceae mit Carbapenemasen, wodurch es immer schwieriger wird, Infektionen zu bekämpfen, da diese als Reserveantibiotika eingesetzt werden (8).

Fragestellung

Wie hoch ist der Anteil an Enterobacteriaceae mit Resistenzen gegen modernste Reserveantibiotika in den Abwässern der Stadt Graz?

Zur Beantwortung der Fragestellung können folgende Zwischenziele formuliert werden:

(1) Isolation und Identifikation von Bakterien mit Resistenzen auf Carbapeneme aus Abwasser
(2) Bestimmung der Antibiotikaresistenzen
(3) Carbapenemase Gene detektieren

Methoden

Das Abwasser wird in verschiedenen Verdünnungen auf CRHOMagar™ CPE ausplattiert und für 18 bis 24 Stunden bei 37°C inkubiert. Dieser Agar wird zum Nachweis von Carbapenemase-produzierenden Enterobacteriaceae (CPE) verwendet. Daraufhin wird das Wachstum auf den einzelnen Platten beurteilt und die verschiedenen Kolonien jeweils auf LB Agar, hier können alle Bakterien wachsen, und MacConkey Agar, der selektiv für gramnegative Stäbchen ist und durch eine Rosafärbung auch anzeigt, ob die Bakterien Laktose fermentieren können, überimpft. Es wird wieder mit den gleichen Bedingungen inkubiert. Zur Identifizierung der Bakterien wird eine Matrix-Assisted Laser Desorption/Ionization-Time Of Flight-Mass Spectometry (MALDI-TOF-MS) durchgeführt. Da es möglich ist, dass nicht alle Bakterien mit dem MALDI-TOF-MS identifizierbar sind, wird alternativ eine 16S rDNA Sequenzierung angedacht.

In weiterer Folge wird ein Antibiotikaresistenztest nach EUCAST mit den bereits identifizierten Enterobacteriaceae, da für diese Arbeit nur diese Bakterienfamilie von Bedeutung ist, durchgeführt. Auch die Minimale Hemmkonzentration für die Carbapeneme soll bestimmt werden.

Abschließend erfolgt eine Sequenzierung der detektierten Carbapenemasen.

Zeitplan

Tabelle 1 zeigt die voraussichtliche Dauer der geplanten Aktivitäten.

Tabelle 1: Projektzeitplan

Aktivitäten	**Kalenderwochen**[1]																
	2023										2024						
	43	44	45	46	47	48	49	50	51	52	1	2	3	4	5	6	7
Literaturrecherche	■	■	■	■	■	■	■	■	■	■	■	■	■	■	■	■	■
Ausplattieren des Abwassers[2]	■				■							■					
Isolation der Bakterien	■		■		■		■					■					
MALDI-TOF-MS		■	■	■	■	■	■	■				■	■				
Optional: 16S rDNA Sequenzierung		■			■	■	■	■				■	■				
Antibiogramm			■	■		■		■					■				
Sequenzierung der Carbapenemasen					■				■				■				
Strukturieren der Ergebnisse / Erstellung von Diagrammen/Tabellen									■	■	■	■	■	■	■	■	■
Gestaltung des Posters								■	■	■	■	■	■	■	■	■	■

1) Schattierte Flächen zeigen die Dauer der unterschiedlichen Aktivitäten.
2) Es ist nicht bekannt, wie viele Abwasserproben bzw. wann diese genau einlangen, daher hier nur eine grobe Planung. Es werden allerdings immer dieselben Schritte durchgeführt.

Literatur

1. van Duin D, Doi Y. The global epidemiology of carbapenemase-producing Enterobacteriaceae. Virulence. 11. August 2016;8(4):460–9.

2. Communications E. Taschenlehrbuch Medizinische Mikrobiologie [Internet]. [zitiert 27. Oktober 2023]. Verfügbar unter: https://eref-1thieme-1de-1yowh3uoj0090.perm.fh-

joanneum.at/ebooks/cs_19316294?fromSearch=true&context=search/ebook_cs_19316294_cs122#/ebook_cs_19316294_cs3872

3. Bush K, Bradford PA. β-Lactams and β-Lactamase Inhibitors: An Overview. Cold Spring Harb Perspect Med. 8. Januar 2016;6(8):a025247.

4. Pitout JDD, Nordmann P, Laupland KB, Poirel L. Emergence of Enterobacteriaceae producing extended-spectrum β-lactamases (ESBLs) in the community. Journal of Antimicrobial Chemotherapy. 1. Juli 2005;56(1):52–9.

5. Potter RF, D'Souza AW, Dantas G. The rapid spread of carbapenem-resistant Enterobacteriaceae. Drug Resist Updat. November 2016;29:30–46.

6. Papp-Wallace KM, Endimiani A, Taracila MA, Bonomo RA. Carbapenems: Past, Present, and Future ▿. Antimicrob Agents Chemother. November 2011;55(11):4943–60.

7. Galler H, Feierl G, Petternel C, Reinthaler FF, Haas D, Grisold AJ, u. a. KPC-2 and OXA-48 carbapenemase-harbouring Enterobacteriaceae detected in an Austrian wastewater treatment plant. Clinical Microbiology and Infection. Februar 2014;20(2):O132–4.

8. Cimen C, Noster J, Stelzer Y, Rump A, Sattler J, Berends M, u. a. Surface water in Lower Saxony: A reservoir for multidrug-resistant Enterobacterales. One Health. Dezember 2023;17:100606.

9. Karkman A, Do TT, Walsh F, Virta MPJ. Antibiotic-Resistance Genes in Waste Water. Trends in Microbiology. 1. März 2018;26(3):220–8.

Zusammenfassung

Carbapeneme, die zu den Beta-Laktam Antibiotika gehören, spielen eine zentrale Rolle bei der Bekämpfung von bakteriellen Infektionen und werden als Reserveantibiotika eingesetzt. Jedoch können Bakterien Resistenzen gegen Carbapeneme entwickeln, oft vermittelt durch Carbapenemasen. Enterobacteriaceae, im menschlichen und tierischen Verdauungstrakt präsent, können diese Resistenz tragen und ins Abwasser gelangen. Daher bietet die abwasserbasierte Epidemiologie eine gute Möglichkeit zum Screening auf Antibiotikaresistenzen. Das Ziel der Arbeit ist es, die Präsenz von Carbapenem-resistenten Enterobacteriaceae und deren Resistenzmechanismen aus dem Abwasser der Stadt Graz nachzuweisen.

Das Abwasser aus Graz, sowohl der unbehandelte Zulauf als auch der behandelte Ablauf, wurden analysiert. Das Abwasser wurde auf verschiedenen Agarplatten ausplattiert. Die verwendeten Agarplatten umfassten MacConkey-Agar zur Bestimmung der Gesamtzahl der Enterobacteriaceae sowie Chromagar zur Isolation von Carbapenem-resistenten Enterobacteriaceae. Die Kolonien wurden mittels Matrix-Assisted Laser Desorption/Ionization Time Of Flight (MALDI-TOF-MS) identifiziert. Daraufhin wurden Antibiogramme mittels Agardiffusion und nach EUCAST-Kriterien erstellt. Carbapenemasen der resistenten Enterobacteriaceae wurden sequenziert.

31 Isolate trugen das Gen für KPC-2, ungewöhnlich häufig, da KPC-2 bei Patientenisolaten in Österreich selten vorkommen. KPC-2 wurde nicht nur in *Klebsiella pneumoniae* Isolate, sondern auch in anderen Enterobacteriaceae gefunden, vor allem in *Enterobacter* spp. Die KPC-2-produzierenden Enterobacteriaceae waren meist nur gegen

Carbapeneme (Imipenem und Meropenem) und Cefepim resistent. KPC-2 tragende Enterobacteriaceae Isolate von Patient*innen weisen aber hingegen Multiresistenzen auf. Des Weiteren wurde ein GES-5 Isolat entdeckt; dieses Gen wurde in Österreich noch nie zuvor nachgewiesen.

Abstract

Carbapenems, which belong to the beta-lactam antibiotics, play a central role in the fight against bacterial infections and are used as reserve antibiotics. However, bacteria can develop resistance to carbapenems, often mediated by carbapenemases. Enterobacteriaceae, present in the human and animal digestive tract, can carry this resistance and enter wastewater. Therefore, wastewater-based epidemiology offers a good opportunity to screen for antibiotic resistance. The aim of the study is to detect the presence of carbapenem-resistant Enterobacteriaceae and their resistance mechanisms from the wastewater of the city of Graz.

The wastewater from Graz, both the untreated influent and the treated effluent, was analyzed. The wastewater was plated on different agar plates. The agar plates used included MacConkey agar to determine the total number of Enterobacteriaceae and Chromagar to isolate carbapenem-resistant Enterobacteriaceae. The colonies were identified using Matrix-Assisted Laser Desorption/Ionization Time Of Flight (MALDI-TOF-MS). Antibiograms were then prepared by agar diffusion andaccording to EUCAST-criteria. Finally, the carbapenemases of the resistant Enterobacteriaceae were sequenced.

31 isolates carried the gene for KPC-2, an unusually high frequency, as KPC-2 is rarely found in patient isolates in Austria. KPC-2 was not only found in *Klebsiella pneumoniae* isolates, but also in other Enterobacteriaceae, especially in *Enterobacter* spp. The KPC-2-producing Enterobacteriaceae were mostly resistant only to carbapenems (imipenem and meropenem) and cefepime. However, KPC-2-carrying Enterobacteriaceae isolates from patients exhibit

multidrug resistance. Furthermore, a GES-5 isolate was discovered; this gene has never been detected in Austria before.

Inhaltsverzeichnis

1 Einleitung

Die Enterobacteriaceae sind eine vielfältige Familie von Bakterien, zu denen verschiedene Arten wie *Escherichia coli*, *Klebsiella pneumoniae* und *Enterobacter cloacae* gehören (1). Diese gramnegativen Stäbchen, einige davon (fakultativ) pathogen, haben ihr natürliches Habitat im Darmtrakt von Mensch und Tier (2). Besonders bedeutsam ist ihre Rolle bei der Antibiotikaresistenz, da dadurch die Behandlung von Infektionen erschwert wird (1).

Beta-Laktam-Antibiotika spielen eine zentrale Rolle bei der Bekämpfung von Infektionen mit Enterobacteriaceae (2). Sie binden kovalent an das Penicillin-bindende Protein (PBP), wodurch die bakterielle Zellwandsynthese gehemmt wird (3). In gramnegativen Bakterien ist die Hauptursache für eine Resistenz auf Beta-Laktam Antibiotika die Produktion von Beta-Laktamasen. Das sind Enzyme, die den Beta-Laktam Ring der Antibiotika hydrolysieren und somit unwirksam machen (4).

Zu den Beta-Laktam Antibiotika zählen auch die Carbapeneme wie unter anderem Meropenem, Doripenem, Ertapenem und Imipenem (5). Carbapeneme weisen eine breite Wirksamkeit gegen grampositive und gramnegative Bakterien auf. Des Weiteren werden sie hauptsächlich intravenös verabreicht, weshalb sie nur im klinischen Bereich eingesetzt werden. Auch weisen in Westeuropa nur wenige Enterobacteriaceae-Isolate eine Resistenz gegen Carbapeneme auf. Aus diesen Gründen dienen Carbapeneme als Reserveantibiotika (6,7). Die Resistenz gegen Carbapeneme wird in der Regel durch Carbapenemasen, welche zu den Beta-Laktamasen zählen, vermittelt (8).

Antibiotikaresistente Enterobacteriaceae sind nicht nur in medizinischen Einrichtungen weit verbreitet, sondern werden in letzter Zeit auch immer häufiger bei gesunden Menschen, Tieren oder an anderen Orten in der Umwelt, wie in Oberflächengewässern, gefunden (9). Viele antibiotikaresistente Bakterien werden von Mensch und Tier durch Fäkalien und Urin ausgeschieden und gelangen so ins Abwasser. Kommunale Kläranlagen sind deswegen eine der Hauptquellen für antibiotikaresistente Bakterien und Antibiotikaresistenzgene, die dann auch in die Umwelt gelangen können (10). Eine gute Möglichkeit ein bestimmtes Einzugsgebiet auf Antibiotikaresistenzen zu untersuchen, stellt daher die abwasserbasierte Epidemiologie dar (11).

Die Stabilisierung der Antibiotikaresistenz in Oberflächengewässern erhöht die Wahrscheinlichkeit einer Reinfektion des Menschen mit schwer zu behandelnden Bakterien. Aus diesem Grund stellen antibiotikaresistente Enterobacteriaceae eine wachsende Bedrohung für die öffentliche Gesundheit dar. Besonders besorgniserregend dabei sind die Enterobacteriaceae mit Carbapenemasen, die die Bekämpfung von Infektionen zunehmend erschweren, da diese als Reserveantibiotika eingesetzt werden (9).

Das Ziel der Arbeit ist es, die Präsenz von Carbapenem-resistenten Enterobacteriaceae und deren Resistenzmechanismen aus dem Abwasser der Stadt Graz nachzuweisen.

2 Theoretischer Rahmen

2.1 Enterobacteriaceae

Zu den Enterobacteriaceae zählen viele verschiedene Bakterienarten. Häufig werden sie in klinischen Kulturen isoliert, darunter bekannte Arten wie *E. coli, K. pneumoniae* und *E. cloacae* (1). Enterobacteriaceae, einige davon (fakultativ) pathogen, befinden sich natürlicherweise im Darmtrakt von Mensch und Tier. Zu den häufigsten Infektionen, die sie verursachen, zählen Harnwegsinfektionen, Infektionen der Atemwege, Wundinfektionen, Haut- und Weichteilinfektionen und Sepsis. Häufig treten diese Krankheitsbilder bei nosokomialen Infektionen auf. Enterobacteriaceae spielen daher auch dort so eine große Rolle, da sie häufig Antibiotikaresistenzen entwickeln. Dadurch können sie sich besonders gut im Krankenhaus behaupten, wo Antibiotika regelmäßig eingesetzt werden. Des Weiteren kommen diese Bakterien und die damit verbundenen Antibiotikaresistenzen natürlicherweise im Menschen vor, wodurch sie ständig als Infektionsquelle präsent sind (2).

Enterobacteriaceae sind gramnegative Stäbchen. Viele Arten sind peritrich begeißelt. Durch eine starke Begeißelung können sie sich auf der Agaroberfläche fortbewegen, was als „Schwärmen" wahrgenommen werden kann. Die Bakterien dieser Familie sind einfach kultivierbar. Sie sind rasch wachsende, fakultative Anaerobier und haben eine mittlere Generationszeit von 20 bis 30 Minuten unter Idealbedingungen. Eine selektive Kultivierung wird durch die Resistenz gegen verschiedene Chemikalien wie Gallensalze und Kristallviolett erleichtert. Der MacConkey-Agar ist dafür ein wichtiges Selektivmedium. Dieses Medium ermöglicht es zu bestimmen, ob die darauf wachsenden Bakterien in der Lage sind, Laktose zu fermentieren (2).

2.1.1 *Escherichia coli*

E. coli stellt einen wichtigen Vertreter der Enterobacteriaceae dar und ist durch peritriche Geißeln beweglich. Das Bakterium ist einer der häufigsten Erreger von Infektionskrankheiten und verursacht unter anderem akute Harnwegsinfektionen, Harnwegssepsis, Neugeborenenmeningitis und -sepsis sowie Abszesse in einer Reihe von Organsystemen. Des Weiteren gibt es von *E. coli* auch voll pathogene Stämme, wie etwa der enterohämorrhagische *E. coli* (EHEC) oder enteroinvasive *E. coli* (EIEC). *E. coli* stellt in der Lebensmittel- und Wasserhygiene einen wichtigen Marker dar, da das Vorhandensein von *E. coli* auf eine fäkale Verunreinigung hinweist (12).

2.1.2 *Klebsiella* spp

Verschiedene Stämme der Gattung *Klebsiella* stellen weltweit eine bedeutende Gefahr für die öffentliche Gesundheit dar. *Klebsiella* spp. agieren als opportunistische Pathogene, welche gewöhnlich in der Flora der Nase, des Rachens, der Haut und des Darmtrakts von gesunden Individuen vorkommen. Sie können jedoch gravierende Infektionen verursachen, wie Lungenentzündung, Weichteilinfektionen, Harnwegsinfektionen, Infektionen der Blutbahn und Sepsis (13).

Die Gattung *Klebsiella* umfasst eine Vielzahl von Arten, einschließlich den *Klebsiella pneumoniae* Spezies-Komplex (13). Infektionen, die durch *K. pneumoniae* verursacht werden, werden in der Regel mit Beta-

Laktamen, Beta-Laktamase-Inhibitoren und Fluorchinolonen behandelt. Allerdings hat *K. pneumoniae* in den letzten beiden Jahrzehnten aufgrund der zunehmenden Antibiotikaresistenzen an klinischer Bedeutung gewonnen. So kam es bereits zu mehreren Ausbrüchen mit Carbapenemase-Enzym tragenden *K. pneumoniae* (KPC). Diese KPCs können Monobactame, Cephalosporine, Carbapeneme und Beta-Laktam-Inhibitoren hydrolysieren, wodurch die Behandlung dieser Infektionen sich besonders schwer gestaltet.

K. pneumoniae benutzt aber nicht nur Enzyme, sondern weist auch viele weitere Resistenzmechanismen auf, um der Wirkung der Antibiotika zu umgehen. Dieser Erreger kann zum Beispiel die Wirkung von Fluorchinolonen umgehen, indem ein Zielgen des Antibiotikums mutiert. Weiters kann das Bakterium Multi Drug Resistance (MDR) Efflux-Pumpen nutzen. Es gibt auch MDR *K. pneumoniae* Stämme, welche gegenüber drei oder mehr Antibiotikaklassen resistent sind. MDR *K. pneumoniae* weisen daher eine hohe Pathogenität auf und erschweren die Behandlung der Infektion besonders bei immunsupprimierten und älteren Menschen (14–16).

2.2 Beta-Laktam Antibiotika

Beta-Laktam Antibiotika spielen eine wichtige Rolle bei der Bekämpfung von Infektionen mit Enterobacteriaceae. Sie weisen eine bakterizide Wirkung auf. Sie binden kovalent an das PBP, wodurch die bakterielle Zellwandsynthese gehemmt wird, da dieses Enzym eine wichtige Rolle in den letzten Schritten der Peptidoglykan-Vernetzung spielt. Zu den fünf klinisch wichtigsten Beta-Laktam Antibiotika gehören Penicilline, Cephalosporine, Carbapeneme, Monobactame und Beta-Laktamase Inhibitoren (3).

2.3 Carbapeneme

Carbapeneme, unter anderem Meropenem, Doripenem, Ertapenem und Imipenem, gehören zu den Beta-Laktam Antibiotika (5). Carbapeneme bezeichnet ein 4:5 kondensiertes Ringlaktam von Penicillinen. Es weist eine Doppelbindung zwischen C-2 und C-3 auf, allerdings wird der Kohlenstoff an C-1 durch Schwefel ersetzt. Ein radikaler Unterschied in der Struktur von Carbapenem zu herkömmlichen Penicillinen und Cephalosporine, welche alle einen Acylamino-Substituenten am Beta-Laktam-Ring aufweisen, ist die Hydroxyethyl-Seitenkette von Thienamycin. Diese Hydroxyethyl-Seitenkette spielt eine wesentliche Rolle in der Aktivität der Carbapeneme. Carbapeneme zeichnen sich dadurch aus, dass sie resistent gegen die Hydrolyse durch viele Beta-Laktamasen sind. In gewissen Situationen wirken sie wie Inhibitoren von Beta-Laktamen oder als „langsame Substrate". Sie behalten dennoch ihre Fähigkeit, an PBP zu binden und ihre Wirkung auszuüben. Carbapeneme haben unter den Beta-Laktam Antibiotika das umfassendste Wirkungsspektrum und die höchste Effektivität gegen grampositive und gramnegative Bakterien. Aus diesem Grund werden sie oft als Reserveantibiotika eingesetzt, wenn Patienten schwerwiegend erkrankt sind oder wenn die Vermutung auf resistente Bakterien besteht (6).

2.4 Resistenzen Beta-Laktame

Bei gramnegativen Bakterien ist die Hauptursache für eine Resistenz gegen Beta-Laktam Antibiotika die Produktion von Beta-Laktamasen. Das sind Enzyme, die den Beta-Laktam Ring der Antibiotika hydrolysieren und somit unwirksam machen. Bisher wurden bereits 400 verschiedene Beta-Laktamasen, die aus klinischen Isolaten entstammen, beschrieben (4).

Beta-Laktamasen werden häufig nach der Ambler Klassifikation in vier Gruppen (A bis D) eingeteilt. Dieses Klassifikationsschema basiert auf der Ähnlichkeit der Aminosäuresequenz in Enzymen und nicht auf phänotypischen Merkmalen. Zu den Serin Beta-Laktamasen gehören A, C und D, während die Klasse B zu den Metallo-Beta-Laktamasen zählt (16). Die Serin Beta-Laktamasen besitzen ein Serylrest im katalytischen Zentrum, wodurch die Spaltung des Beta-Laktam-Rings bei Antibiotika verursacht wird. Die Metallo-Beta-Laktamasen hingegen tragen im aktiven Zentrum ein Metallion (17). Eine genauere Zuordnung wird in Tabelle 1 beschrieben.

Tabelle 1: Ambler Klassifikation der Beta-Laktamasen, adaptiert nach (18,19).

	Klassen nach Ambler	**Bezeichnung**	**Wichtige Vertreter**
Serin-Beta-Laktamasen	A	Schmalspektrum	Penicillinase
		Schmalspektrum/ESBL	TEM-1, SHV-1
		ESBL	CTX-M
		Carbapenemase	KPC, GES-5
	C	Breitspektrum	AmpC
	D	Breitspektrum	OXA-1, OXA-9
		Carbapenemase	OXA-48, OXA-23
Metallo-Beta-Laktamasen	B	Carbapenemase	VIM, IMP, NDM

Extended-Spectrum-Beta-Laktamasen (ESBL) haben innerhalb der Beta-Laktamasen eine besondere Bedeutung. In den meisten Fällen befinden sich ESBL auf Plasmiden und haben die Fähigkeit (auch)

Oxyimino-Cephalosporine (Cephalosporine der dritten und vierten Generation) und Monobactame zu hydrolysieren. Carbapeneme und Cephamycine werden jedoch nicht hydrolysiert. Zusätzlich reagieren sie in der Regel empfindlich auf Beta-Laktamase-Inhibitoren wie Clavulansäure, Sulbactam und Tazobactam (20).

Des Weiteren spielen Carbapenemasen innerhalb der Beta-Laktamasen eine wichtige Rolle, da die Reserveantibiotika, als letzte Verteidigungslinie bei den Antibiotika, nicht mehr wirksam sind (8).

2.5 Carbapenem-resistente Enterobacteriaceae

Eine Carbapenem-Resistenz ist dann vorhanden, wenn die Wahrscheinlichkeit eines Therapieversagens auch bei erhöhter Exposition hoch ist. Es gibt drei Hauptmechanismen der Carbapenem-Resistenz bei Enterobacteriaceae:

(1) Produktion von Carbapenemasen: Enzyme, meist im periplasmatischen Raum, die Carbapeneme durch Hydrolyse inaktivieren

(2) Produktion von Efflux-Pumpen, welche die Carbapeneme aktiv aus der Zelle ausschleusen

(3) Porin Mutation oder Verluste, wodurch die üblichen Carrier der Carbapeneme in die Zelle verloren gehen (21)

Ein Großteil der Carbapenemasen gehört zur Gruppe der Metallo-Beta-Laktamasen (Ambler Klasse B), welche erstmals 1990 identifiziert wurden. Die Enzymfamilie NDM, VIM, IMP, GIM und SIM sind Beispiel für häufig anzutreffende Metallo-Beta-Laktamasen. Sie befinden sich häufig auf Integronstrukturen (mobilen genetischen Elementen), die wiederum häufig auf Plasmiden oder Transposons (ebenso mobile genetische Elemente) zu finden sind. Dadurch wird eine Übertragung zwischen Bakterien auch über Speziesgrenzen hinweg vereinfacht (8,22).

Die Enzymfamilie KPC (für „*Klebsiella pneumoniae* Carbapenemase"), die zu einen der jüngeren Mitglieder der Carbapenemasen zählt, wurde erstmals 2003 in der Türkei entdeckt. Es handelt sich um die klinisch relevanteste Ambler-Klasse-A-Serin-Beta-Laktamase mit weltweiter Verbreitung im letzten Jahrzehnt. Die KPC-Familie der Carbapenemasen ist ebenfalls auf Plasmiden lokalisiert, weshalb diese ein großes Verbreitungspotenzial aufweisen. Überwiegend sind sie in *Klebsiella* spp. (besonders in *K. pneumoniae*) zu finden. Eine Ausbreitung dieses Erregers bei Epidemien führte bereits häufig zu Schwierigkeiten bei der Infektionskontrolle, vor allem, weil sich auf den Plasmiden häufig weitere Resistenzgene befinden und die Stämme daher oft multiresistent sind. Eine Behandlung dieses Bakteriums gestaltet sich daher besonders schwer, was zu hohen Mortalitätsraten führt. KPC können aber nicht nur in *Klebsiella* spp. sondern auch in anderen Enterobacteriaceae und gramnegativen Bakterien vorkommen (8,22).

Ein weiteres Gen, das Carbapenemasen verursachen kann, ist GES (für „Guiana extended spectrum") und wurde erstmals in einem *K. pneumoniae*-Isolat aus Französisch-Guayana beschrieben. Ihre Aminosäuresequenz zeigt eine Verwandtschaft zu anderen Carbapenemasen, so weisen sie beispielsweise eine Identität von 36 % zu KPC-2 auf (22). Allerdings vermitteln nicht alle GES eine Aktivität gegen Carbapeneme. So auch zum Beispiel GES-1, das vor 20 Jahren erstmals beschrieben wurde. Es ähnelt strukturell anderen ESBL der Klasse A und vermittelt eine Resistenz gegen Penicilline und

Breitspektrum-Cephalosporinen. GES-1 besitzt jedoch nur eine geringe Fähigkeit zur Hydrolyse von Carbapenemen und wird sogar durch das Carbapenem-Antibiotikum Imipenem gehemmt. Die Besonderheit der GES-Enzyme liegt in ihrer Fähigkeit, dass sie durch Einzelpunktmutationen auch in der Lage sind, Carbapeneme zu hydrolysieren. So führt beispielsweise eine einzelne Mutation an der Position 170 (von Glycin 170 zu Serin 170 oder Asparagin 170) zu Resistenzen gegenüber den Reserveantibiotika unter den Beta-Laktamen und korreliert mit einer erhöhten Resistenz gegenüber Imipenem. Besonders die GES-5-Enzyme weisen eine erhöhte Carbapenemase-Aktivität auf (23,24).

Auch OXA-48-like Enzyme und seine Derivate (Ambler-Klasse D) verursachen Carbapenemasen. Sie kommen bei vielen Enterobacterales vor und wurden vor Kurzem auch bei *Pseudomonas aeruginosa* und *Acinetobacter baumannii* festgestellt. OXA-48-like Enzyme sind schwer nachweisbar, weil sie oft nur eine geringe *in vitro* Resistenz gegen Carbapeneme zeigen. Nosokomiale Ausbrüche haben seit etwa 2010 weltweit zugenommen. Dies führte in vielen Teilen Afrikas und Eurasiens zu einer Endemie bei einer Reihe von Enterobacterales (25).

2.6 Antibiotikaresistenzen im Abwasser

Antibiotikaresistente Bakterien sind häufig im Abwasser zu finden. Diese resistenten Bakterien können auf Fäkalien und Urin von kolonisierten beziehungsweise infizierten Personen oder Tieren zurückgeführt werden. In den meisten Teilen Europas werden die Abwässer von Krankenhäusern, pharmazeutischen Industrien und

Haushalten in städtischen Gebieten mit zentralem Abwassersystem gesammelt und folglich in der Kläranlage behandelt. Diese Abwässer spiegeln den Gesundheitszustand der Bevölkerung in einem gewissen Einzugsgebiet wider. Die Analyse von unbehandeltem Abwasser (Zulauf) kann daher Informationen über die Prävalenz der Antibiotikaresistenzen in dieser Bevölkerung liefern. Dieser Ansatz wird als abwasserbasierte Epidemiologie bezeichnet und kann zur Früherkennung im öffentlichen Gesundheitswesen beitragen (26).

Im Abwasser sind Laktam-, Sulfonamid- und Tetracyclinresistenzen am häufigsten anzutreffen. Die Ausbreitung von Bakterien mit Antibiotikaresistenz wird durch mehrere Faktoren im Abwasser begünstigt. Dazu gehören ein erhöhter Gehalt an Antibiotika und Bioziden, hohe Konzentrationen resistenter Bakterien sowie die Fülle an organischen und anorganischen Substraten. Kläranlagen stellen Reservoirs für Chemikalien, Bakterien und Gene dar, die eine Antibiotikaresistenz verleihen (27). Zudem stellt der horizontale Gentransfer von Antibiotikaresistenzen zwischen verschiedenen Bakterienarten ein besonderes Problem im Abwasser dar (10). Durch die Stabilisierung der Antibiotikaresistenz in den Oberflächengewässern steigt die Chance für Reinfektionen beim Menschen mit schwer zu behandelnden Bakterien (9). Aus diesem Grund spielt eine Aufreinigung des Abwassers in Kläranlagen eine große Rolle (27).

2.7 Zulauf und Ablauf

Kläranlagen sind der Endpunkt eines Kanalisationsnetzes, in dem Abwässer behandelt und Schadstoffe entfernt werden, bevor sie in die natürliche Umwelt zurückgeführt werden. Dadurch wird die Umwelt und die menschliche Gesundheit wirksam geschützt (28).

Die Abwasserreinigung [in den Kläranlagen] durchläuft mehrere Stufen, beginnend mit der mechanischen Reinigung [des Zulaufs], bei der grobe Verschmutzungen wie Laub und Steine entfernt werden. Der Sandfang trennt mineralische Verunreinigungen ab, um Schäden an den Anlagen zu verhindern. Im Vorklärbecken erfolgt die Sedimentation, [wodurch organische Stoffe aus dem Abwasser entfernt werden]. Die biologische Reinigung erfolgt im Belebungsbecken, einem biologischen Reaktor, in dem Bakterien organische Abwasserinhaltsstoffe abbauen. Die Kombination aus mechanischer und biologischer Reinigung erreicht eine Reinigungsleistung von über 95 %. [Das Nachklärbecken sorgt dafür, dass der Belebtschlamm durch Absetzen vom gereinigten Abwasser abgetrennt wird. Ein Teil des Schlammes wird wieder in das Belebungsbecken zurückgeführt und für die Anreicherung von spezialisierten Bakterien wiederverwendet.] Die chemische Reinigung, insbesondere die Phosphorfällung, ist entscheidend, um Eutrophierung der Gewässer zu verhindern. [Es soll folglich kein Übermaß an Nährstoffen in den Vorfluter gelangen. Der Vorfluter ist jenes Gewässer, in welches das Abwasser eingeleitet wird.] Phosphor wird in eine absetzbare Form gebracht, oft durch Zugabe von Eisen- oder Aluminiumsalzen. In Industriekläranlagen werden auch Schwermetalle und Salze entfernt. Die Schlammbehandlung zielt darauf ab, den organischen Kohlenstoff im Schlamm abzubauen, um Geruchsprobleme zu minimieren. Gleichzeitig wird das Schlammvolumen reduziert, um eine effiziente Entsorgung oder Wiederverwendung zu ermöglichen. [Dieser gesamte Prozess gewährleistet eine umfassende Abwasserreinigung, wobei am Ende aus dem Zulauf der Ablauf entsteht] (29,30).

Bei dieser Aufreinigung kann allerdings noch nicht alles entfernt werden. Antibiotikarückstände, antibiotikaresistente Bakterien und Antibiotikaresistenzgene bleiben zum Teil noch im Abwasser zurück. Häufig sind auch Rückstände von anderen Verunreinigungen wie Arzneimitteln und Hygieneprodukten zu finden. Somit kann dies alles in die Umwelt gelangen (28).

3 Zielsetzung

Ziel dieser Arbeit war die Isolation und Identifikation von Enterobacteriaceae mit Resistenzen auf Reserveantibiotika aus dem Abwasser der Stadt Graz. Vorwiegend bezogen sich die Resistenzen auf Carbapeneme. Antibiotikaresistenzen dieser Enterobacteriaceae sollten festgestellt werden, sowie auch die Resistenzgene dieser Bakterien.

4 Material und Methoden

4.1 Verwendung von Künstlicher Intelligenz (KI)

In dieser Arbeit wurde zum Teil KI verwendet. Tabelle 2 zeigt, wofür die KI bei welchem Teil der Arbeit verwendet wurde.

Tabelle 2: Verwendete KI-Tools in der Arbeit.

Name und Version des KI-basierten Tools	Einsatzbereich	Einsatzform
ChatGPT (Version 3.5)	2.7 Zulauf und Ablauf	Zusammenfassung einer Quelle

4.2 Material

Für die Isolation der Enterobacteriaceae wurde das Abwasser der Stadt Graz herangezogen. Das erste Abwasser, das am 16. Oktober 2023 abgenommen wurde, stellte nur einen Zulauf dar. Ein weiteres Abwasser, diesmal Zulauf und Ablauf, wurde am 22. November von der Kläranlage in Graz abgenommen.

4.2.1 Nährmedien

Es wurden verschiedene Nährmedien für diese Arbeit verwendet (Tabelle 3).

Tabelle 3: Verwendete Nährmedien.

Nährmedien	**Verwendungszweck**
CHROMagar™ CPE (BD BBL™ Stacker™ Plates)	Identifikation von Carbapenemase-produzierenden Enterobacteriaceae
Chromatic CRE (Liofilchem®)	Identifikation von Carbapenem-resistenten Enterobacteriaceae
Chromocult® Coliformen-Agar (Merck Millipore)	Selektives chromogenes Differenzialmedium, das die Detektion von *E. coli* und coliformen Bakterien ermöglicht
MacConkey Agar	Nachweisen der Laktosefermentation durch Rosafärbung; Feststellung der Gesamtanzahl der Enterobacteriaceae im Abwasser
LB Agar	Wachstum aller Bakterien
Müller Hinton Agar	Ansetzen der Antibiogramme und E-Tests

Die Müller Hinton Agar wurden im Haus gefertigt. Die verwendeten LB und MacConkey Agar wurden selbst hergestellt.

LB Agar:

- 5,0 g NaCl (Carl Roth GmbH + Co. KG)
- 5,0 g Hefeextrakt (Carl Roth GmbH + Co. KG)
- 10,0 g Trypton (Carl Roth GmbH + Co. KG)
- 15,0 g Agar Agar (Carl Roth GmbH + Co. KG)
- 1,0 l entsalztes Wasser

MacConkey Agar:

- 50,0 g MacConkey (Carl Roth GmbH + Co. KG)
- 1,0 l entsalztes Wasser

Die Agar wurden daraufhin autoklaviert. Es wurde gewartet, bis der Agar auf eine Temperatur abgekühlt war, bei der er handhabbar, jedoch noch nicht vollständig fest war. In Petrischalen (Greiner) wurde der noch flüssige Agar gegeben, sodass etwa die Hälfte der Petrischale damit befüllt war. Dann wurden die Agar bei Raumtemperatur stehen gelassen und es wurde gewartet, bis sie fest waren und somit zum Gebrauch zur Verfügung standen. Nicht sofort verwendete Agar wurden bei 4°C im Kühlschrank gelagert.

4.2.2 Primer

Für weitere Identifizierungen wurden 16S rDNA Sequenzierungen durchgeführt. Dafür wurden die Primer S1 und S2 verwendet. Auch wurden die Resistenzgene von den resistenten Enterobacteriaceae bestimmt, wofür verschiedene Primer (KPC, OXA-48, VIM, NDM und GES) zum Einsatz kamen (Tabelle 4). Die Stock Solutions der Primer weisen 100 µmol/µl auf. Vor Gebrauch wurden diese allerdings 1:10 mit nukleasefreiem Wasser (BD Kiestra™ Deionized Water, Maryland, USA) verdünnt, sodass sie eine Konzentration von 10 µmol/µl hatten.

Tabelle 4: Verwendete Primer und deren Sequenzen.

Primer	Sequenz (5'-3')
8FPLm (forward S1 Primer)	AGA GTT TGA TCC TGG CTC AG
806R (reverse S2 Primer)	GGA CTA CCA GGG TAT CTA AT
KPCf	ATG TCA CTG TAT CGC CGT CT
KPCr	TTT TCA GAG CCT TAC TGC CC
OXA-48F	TAT ATT GCA TTA AGC AAG GG
OXA-48R	CAC ACA AAT ACG CGC TAA CC
GES_F	ATG CGC TTC ATT CAC GCA C
GES_R	CTA TTT GTC CGT GCT CAG G
VIM_F	ATG CGC TCA CGC AAC TGG T
VIM_R	CTA CTC GGC GAC TGA GCG ATT T
NDM_F	ATG GAA TTG CCC AAT ATT ATG C
NDM_R	TCA GCG CAG CTT GTC GG

4.4 Ausplattierungen des Abwassers

Das Abwasser, ein Zulauf, das am 16. Oktober 2023 von der Kläranlage Graz abgenommen wurde, wurde mittels der Copacabana Methode ausplattiert. Dazu wurden zirka 10 sterile Glasperlen (4,0 mm) auf die Agarplatte gegeben. Die Agarplatten wurden in kreisenden Bewegungen gedreht bis das Abwasser auf der Agarplatte gut verteilt und eingetrocknet war (31). Diese Ausplattierungen des Abwassers erfolgten mit verschiedenen Volumina (500 µl, 200 µl und 100 µl) auf CHROMagar™ CPE. Diese Ausplattierungen wurde für 24 Stunden bei 37°C (BINDER) inkubiert.

Am 22. November 2023 wurde das Abwasser sowohl vom Zulauf als auch vom Ablauf abgenommen. Diesmal wurde in mehr Verdünnungen auf unterschiedlichen Agar ausplattiert. Vom Zulauf wurde eine geometrische Verdünnungsreihe mit Ringerlösung bis zur Verdünnung 10^{-3} erstellt. Dafür mussten 10^{-1}, 10^{-2} und 10^{-3} Verdünnungen gefertigt werden. Bei jeder dieser Verdünnungen wurden 900 µl Ringerlösung vorgelegt. Bei der 10^{-1} Verdünnung wurde zunächst 100 µl des unverdünnten Zulaufs hinzugegeben. Für die 10^{-2} Verdünnung wurde 100 µl der 10^{-1} Verdünnung und für die 10^{-3} 100 µl von der 10^{-2} Verdünnung hinzupipettiert. Auf MacConkey Agar wurden 50 µl der 10^{-2} und 10^{-3} Verdünnung ausplattiert. Auf Chromatic CRE und CHROMagar™ CPE wurden 50 µl der 10^{-2} Verdünnung und ein unverdünnter Zulauf ausplattiert. Des Weiteren wurde auf dem Chromocult® Coliformen-Agar 50 µl der 10^{-2} und 10^{-3} Verdünnung ausplattiert. Alle Ansätze wurden doppelt durchgeführt, da sowohl bei 37°C als auch bei 42°C für 24 Stunden inkubiert wurde.

Beim Ablauf wurden 500 µl unverdünnt auf MacConkey Agar ausplattiert. Außerdem wurde eine Membranfiltration (EZ-Pak-Membranen, Filter aus gemischten Zelluloseestern, 0,45 µm, 47 m, Millipore) mit 50 ml auf MacConkey Agar beziehungsweise auf Chromocult® Coliformen-Agar, und eine Membranfiltration mit 10 ml auf Chromatic CRE und CHROMagar™ CPE durchgeführt. Alle diese wurden für 24 Stunden bei 37°C inkubiert. Da nach dieser Zeit auf den

Chromatic CRE und CHROMagar™ CPE Agar noch kein eindeutiges Wachstum zu sehen war, wurde nochmal 24 Stunden bei 37°C inkubiert.

Das Wachstum auf den einzelnen Platten wurde beurteilt und die verschiedenen Kolonien von den unterschiedlichen Verdünnungen und Platten jeweils auf LB Agar und MacConkey Agar überimpft. Es wurde nur mit jenen Platten weitergearbeitet, welche Einzelkolonien zeigten. Daraufhin erfolgte wieder eine Inkubation bei 37°C für 24 Stunden.

4.5 Reinkulturen

Für die weiteren Schritte waren Reinkulturen der einzelnen Bakterienkolonien erforderlich. Daher wurden Einzelkolonien vom MacConkey Agar auf weiter MacConkey Agar und/oder LB Agar überimpft. Wenn verschiedene Kolonien auf MacConkey Agar wuchsen, entschied man sich bevorzugt für die schleimigen und rosaroten, da diese eher auf Enterobacteriaceae hinweisen. Denn, wie bereits erwähnt, spricht die positive Laktosefermentation (Rosafärbung) auf MacConkey Agar für Enterobacteriaceae. Es wurde bei 37°C für 24 Stunden inkubiert.

4.6 Identifikation der Bakterien

Zur Identifizierung der Bakterien wurde von den Reinkulturen ein MALDI-TOF-MS (VITEK® MS, bioMérieux, Austria und BRUKER Biotyper® Sirius) durchgeführt. Ein Teil der Kolonie wurde auf einen Spot des Targets mit einem Zahnstocher aufgetragen und mit 1 µl Matrix überschichtet. Die aufgetragenen Proben wurden bei Raumtemperatur getrocknet und von der Bakteriologie der Medizinischen Universität Graz analysiert.

4.7 Einfrieren und Auftauen

Die Isolate, die von klinischer Relevanz sein könnten (unter anderem Enterobacteriaceae, Pseudomonaden und Acinetobacter), wurden eingefroren. Alle anderen Bakterien wurden nicht weiterbearbeitet oder konserviert. Für das Einfrieren wurden zuvor frische Reinkulturen angelegt. Nach der Inkubation wurden die Bakterien in 1,0 ml steriles Glycerol eingerührt und bei -80°C eingefroren.

Für weitere Analysen der eingefrorenen Isolate war es erforderlich diese wieder aufzutauen. Dabei wurden die bei -80°C eingefrorenen Keime mit einem sterilen Zahnstocher frisch auf LB Agar überimpft und bei 37°C für 24 Stunden inkubiert.

4.8 Antibiogramme

Von den Enterobacteriaceae wurden Antibiogramme mittels Agardiffusionstest erstellt. Es wurde eine Keimsuspension hergestellt, indem Kolonien in 2,5 ml 0,9 % Natriumchlorid eingerührt wurden. Dabei wurde eine Trübung von 0,5 (0,4 bis 0,7) McFarland mit dem Vitek Densichek erzeugt. Daraufhin wurde die Suspension auf Müller Hinton Agar mit retro C80™ ausgestrichen, sodass eine Anlage eines Bakterienrasens entstand. Es wurde mit Plättchen, auf denen Antibiotika aufgebracht sind, gestempelt (Tabelle 5). Nach EUCAST-Kriterien wurden die Hemmhöfe interpretiert (32).

Tabelle 5: Für die Resistenztestung verwendete Antibiotikakonzentrationen.

Antibiotika (Kürzel)	Antibiotika-Klasse	Konzentration
Imipenem (IPM)	Beta-Laktam: Carbapenem	10 µg
Cefepim (FEP)	Beta-Laktam: Cephalosporin	30 µg

Amikacin (AN)	Aminoglykosid	30 µg
Tigecyclin (TGC)	Tetracyclin	15 µg
Meropenem (MEM)	Beta-Laktam: Carbapenem	10 µg
Colistin (CL)	Polymyxin	10 µg
Gentamicin (GM)*	Aminoglykosid	10 µg
Piperacillin/Tazobactam (TZP)*	Beta-Laktam: Acylaminopenicillin und Beta-Laktamase Inhibitor	30 µg/6 µg
Moxifloxacin (MXF)*	Chinolon	5 µg
Ciprofloxacin (CIP)*	Chinolon	5 µg
Cefoxitin (FOX)*	Beta-Laktam: Cephalosporin	30 µg
Trimethoprim/Sulfamethoxazol (SXT)*	Antifolat	1,25 µg/23,75 µg

*Diese Antibiotikaplättchen wurden nur bei jenen *E. coli* und *K. pneumoniae* verwendet, welche bei Imipenem oder Meropenem Resistenzen zeigten. Dasselbe gilt auch für alle *K. oxytoca*, bei denen in weiterer Folge das Gen für KPC-2 detektiert wurde.

4.9 Sequenzierungen

Da noch nicht alle Bakterien mit dem MALDI-TOF-MS identifiziert werden konnten, wurde zusätzlich eine 16S rDNA Sequenzierung nach Protokoll durchgeführt. In ihrer Sequenzabfolge sind die transkribierten Gene für 16S rDNA stark konserviert. Allerdings weisen die nicht transkribierten Spacer-Regionen eine Variabilität in der DNA-Sequenz auf, was für die Typisierung von Bakterien eingesetzt wird (33). Für diese Sequenzierung wurden die Primer S1 und S2 verwendet.

Des Weiteren wurde mit allen antibiotikaresistenten Enterobacteriaceae (und auch mit einigen nicht resistenten) eine Sequenzierung der Carbapenemasen durchgeführt. Ausgewählt wurden zunächst die Gene *bla*$_{\text{KPC}}$ und *bla*$_{\text{OXA-48-like}}$ (Eurofins Genomics, Deutschland) als Primer. Da später auch ein ROSCO-Test gemacht wurde, welcher in weiterer Folge noch beschrieben wird, wurde entsprechend diesen Ergebnissen bei manchen Proben zusätzlich das Gen bla_{GES} (Invitrogen) als Primer verwendet. Dieses Gen zeigt zum Gen bla_{KPC} eine sehr starke Ähnlichkeit. Für die Bestätigung der Metallo-Beta-Laktamasen wurden bei manchen Proben auch die Gene bla_{VIM} und bla_{NDM} als Primer verwendet.

Die Abfolge der Schritte der beiden erwähnten Sequenzierungen ist beinahe gleich. Zunächst ist eine DNA Extraktion erforderlich. Eine Kolonie wurde in 50 µl nukleasefreiem Wasser (BD Kiestra™ Deionized Water, Maryland, USA) eingerührt und für 5-10 Minuten bei 97°C und 300 rpm im Thermomixer comfort (Eppendorf, Deutschland) inkubiert. Nach dem Abkühlen erfolgte eine Zentrifugation für eine Minute bei 13,2 rpm und 2 µl dieses Überstandes wurden in der PCR eingesetzt. Für den PCR Ansatz wurde ein Mastermix erstellt. Tabelle 6 zeigt die Komponenten und Volumina der Mastermix Ansätze für die PCR, jeweils für den Ansatz für die 16S rDNA Sequenzierung und für die Sequenzierung der Carbapenemasen.

Tabelle 6: Komponenten für Mastermix bei 16S rDNA Sequenzierung und Sequenzierung der Carbapenemasen.

Reagenz	**Volumen (µl) für einen Ansatz bei 16S rDNA Sequenzierung**	**Volumen (µl) für einen Ansatz bei Sequenzierung der Carbapenemasen**
Puffer (10X)	2,50	5,0
dNTPs (dNTP Mix 10mM, Biozym)	1,25	2,0
Primer forward	1,25	1,0
Primer reverse	1,25	1,0
Polymerase (5X) (Taq DNA Polymerase, Biozym)	0,20	0,1
Wasser	16,55	38,9
MM/Probe	23,00	48,0
PCR-Template	2,00	2,0

Gesamtansatz	25,00	50,0

Die Ansätze für die 16S rDNA Sequenzierung wurden mit dem Thermal Cycler (Applied Biosystems) mit dem Programm „bakt.seq.neu“ amplifiziert und das PCR Programm wie in Tabelle 7 eingestellt.

Tabelle 7: Einstellung des PCR-Programms „bakt.seq.neu“ am Thermal Cycler.

Programmschritt	Zyklen	Temperatur	Dauer
Denaturierung	1	95°C	5 min
PCR	35	95°C	15 sec
		57°C	30 sec
		72°C	1 min
Finale Elongation	1	72°C	5 min
Hold		4°C	∞

Für die Sequenzierung der Carbapenemasen wurde ein anderes PCR Programm gewählt. Die Ansätze wurden ebenfalls mit dem Thermal Cycler (Applied Biosystems) mit dem Programm „ESBL 52“ amplifiziert (Tabelle 8). Bei gewissen Proben wurde ein anderes PCR-Programm („OXA-48“) eingestellt (Tabelle 9).

Tabelle 8: Einstellung des PCR Programms „ESBL 52“ am Thermal Cycler.

Zyklen	Schritt	Temperatur	Zeit
1	Denaturierung	94°C	5 min
35	Denaturierung	94°C	45 sec
	Primer-Annealing	52°C	1 min
	Primer-Extension	72°C	2 min
1	Final Extension	72°C	10 min
1	Storage	4°C	∞

Tabelle 9: Einstellung des PCR Programms „OXA-48“ am Thermal Cycler.

Zyklen	Schritt	Temperatur	Zeit
1	Denaturierung	94°C	5 min

35	Denaturierung	94°C	1 min
	Primer-Annealing	56°C	45 sec
	Primer-Extension	72°C	1 min
1	Final Extension	72°C	7 min
1	Storage	4°C	∞

Daraufhin erfolgte eine DNA Aufreinigung mit dem Exo-CIP™, Rapid PCR Cleanup Kit (NEW ENGLAND, BioLabs® Inc.). Zunächst wurde ein Mastermix erstellt. Tabelle 10 zeigt die Komponente und Volumina, die für einen Ansatz für die DNA Aufreinigung mit Exo-CIP™ benötigt wurden.

Tabelle 10: Ansatz für Exo-CIP-mix für die DNA Aufreinigung mit Exo-CIP™.

Komponente	**Volumen (µl) für einen Ansatz**
dH_2O	24,0
Exo-CIP A	1,0
Exo-CIP B	1,0
PCR-Produkt	5,0

Jeweils 26,0 µl des Mastermixes wurden vorgelegt und 5,0 µl der PCR Produkte hinzugefügt. Daraufhin erfolgte zunächst eine Inkubation im Thermomixer comfort (Eppendorf, Deutschland) für vier Minuten bei 37°C und dann für eine Minute bei 80°C. Daraufhin wurden die Proben kurz bei Raumtemperatur stehen gelassen, bis sie abgekühlt waren. Generell wurden die (aufgereinigten) PCR Produkte entweder bei -20°C eingefroren oder gleich weiterverwendet.

Nun wurden die ersten Schritte für das Versenden an die Sequenzierfirma Eurofins Genomics abgeschlossen. Für jede Probe wurden Ansätze mit dem Forward und Reverse Primer hergestellt. So wurden bei der 16S rDNA Sequenzierung jeweils ein Ansatz mit dem

Forward Primer (S1) und einer mit dem Reverse Primer (S2) durchgeführt. Bei der Sequenzierung der Carbapenemase gab es zunächst vier Ansätze, und zwar mit den Genen für KPC und OXA-48-like und jeweils Forward und Reverse Primer. Später wurde wie erwähnt auch mit den anderen Primern die PCR beziehungsweise Sequenzierung durchgeführt. Hierbei wurden auch die gleichen Schritte mit jeweils Forward und Reverse Primer angewendet. Bei der Negativkontrolle genügte ein Ansatz mit einem Primer. Die Ansätze erfolgten in den Mix2Seq Tubes, NightXpress (Eurofins Genomics). Der Ansatz wurde, wie in Tabelle 11 dargestellt, durchgeführt.

Tabelle 11: Ansätze für Eurofins Genomics bei den Sequenzierungen.

Forward Primer: Tube	15 µl aufgereinigtes PCR-Produkt + 2 µl Forward Primer
Reverse Primer: Tube	15 µl aufgereinigtes PCR-Produkt + 2 µl Reverse Primer

Am internen Anforderungsformular wurden die Einsendenummern der Mix2Seq Tubes, NightXpress (Eurofins Genomics) vermerkt und zur Sequenzierung versendet. Erhalten wurden die Ergebnisse über die Eurofins Genomics-Website in Fasta-Format. Die 16S rDNA Sequenzierergebnisse wurden nachfolgend in der NCBI Datenbank über BLASTN analysiert und die Sequenzierung der Carbapenemasen über BLASTX.

4.10 Agarose-Gelelektrophorese

Um sicherzugehen, dass die PCR wirklich funktionierte, wurde bei einigen Proben zusätzlich eine Agarose-Gelelektrophorese durchgeführt. Agarosegele standen bereits zum Gebrauch zur Verfügung, daher musste es nicht zuvor gegossen werden. Mit der 6x

Loading Dye (Thermo Scientific, Deutschland) wurden die PCR-Produkte 1:6 vermischt und in die Gelslots pipettiert. Als Marker wurde der GeneRuler DNA Ladder Mix, ready-to-use (Thermo Scientific, Deutschland) mitgeführt. Die Parameter für die Elektrophorese wurden auf 400 mA und 80 V für 45 Minuten eingestellt. Daraufhin wurde das Gel mit GelDoc Go Imaging System (Biozym) fotografiert.

4.11 Rosco-Test

Da die Sequenzierung nicht bei allen Imipenem oder Meropenem resistenten Enterobacteriaceae ein Ergebnis lieferte, wurde zusätzlich ein Rosco-Test (ROSCO Diagnostica A/S, Denmark) nach Manual angesetzt. All jene Proben, die entweder bei Imipenem oder Meropenem bei den zuvor angesetzten Antibiogrammen Resistenzen zeigten, wurden aufgetaut. Der Ansatz des Testes erfolgte gleich wie bei den Antibiogrammen. Allerdings unterschied sich die Verfahrensweise vom Auflegen der Plättchen, sowie die Antibiotikaplättchen selbst. Auf die Agar wurden fünf verschiedene Plättchen aufgelegt, einmal Meropenem alleine als Referenz und dreimal mit einem Beta-Laktamase-Inhibitor. Zusätzlich wurde auch noch Temocillin verwendet, um Gene für OXA-48-like zu erkennen. Die dafür verwendeten Antibiotikaplättchen werden folgend aufgelistet:

1. Meropenem 10 µg, Abkürzung: MRP10
2. Meropenem 10 µg + Phenylboronsäure (KPC und AmpC Inhibitor), Abkürzung: MRPBO
3. Meropenem 10 µg + Cloxacillin (AmpC Inhibitor), Abkürzung: MRPCX

4. Meropenem 10 µg + Dipicolinsäure (Metallo-Beta-Laktamase Inhibitor, Abkürzung: MRPDP
5. Temocillin 30 µg (für das Erkennen von OXA-48), Abkürzung: TEMOC

4.12 Epsilometertest (E-Test)

Bei drei Proben wurde durch die Sequenzierung der Carbapenemasen das Gen für KPC-2 festgestellt, wobei diese allerdings bei den zuvor angesetzten Antibiogrammen keine Resistenzen zeigten. Daher wurden diese aufgetaut. Daraufhin wurden E-Tests® für Imipenem und Meropenem (bioMérieux, SA, France) mit jeweils einer Konzentration von 0,002-32 µg/ml angesetzt, um die Mindesthemmkonzentration (MHK) zu bestimmen. Die Vorgehensweise ist bis auf das Auflegen der E-Tests und Ablesen gleich wie bei den zuvor bereits beschriebenen Antibiogrammen. Die E-Tests wurden auf die Müller-Hinton Agar mit einer sterilen Pinzette aufgelegt. Nach einer Inkubation von 37°C für 24 Stunden erfolgte das Ablesen der MHK. Die MHK beschreibt jene Konzentration, bei der die Hemmhof-Ellipse den Teststreifen kreuzt. Die Richtwerte für die MHK Testung werden folgend angeführt:

- Imipenem: Sensibel ≤ 0,5 µg/ml; Resistent > 4 µg/ml
- Meropenem: Sensibel ≤ 2 µg/ml; Resistent > 8 µg/ml

Weiters wurde von jenen *E. coli*, die zuvor beim ersten Sequenzierdurchgang der Carbapenemasen noch kein Ergebnis zeigten, ein E-Test (bioMérieux, SA, France) von Imipenem (0,002-32 µg/ml) angesetzt.

5 Ergebnisse

5.1 Auswertung der Ausplattierung

Beim Zulauf vom 16. Oktober 2023 war auf der CHROMagar™ CPE ein starkes Wachstum mit verschiedenen Kolonien zu erkennen. Die 1:2 Verdünnung (500 µl) zeigte einen dichten Bakterienrasen und konnte daher schwer ausgezählt werden. Auch bei der 1:5 Verdünnung (200 µl) war noch ein sehr starkes Wachstum zu sehen, und ebenso bei der 1:10 Verdünnung (100 µl) waren viele unterschiedliche Bakterienkolonien zu erkennen. Kolonien verschiedener Morphologien waren vorhanden, unter anderem blaue, violette, türkise, cremefärbige und im Hintergrund weiße/farblose Kolonien. Am häufigsten zu sehen waren die blauen, wobei bei der 1:10 Verdünnung 330 Kolonien bildende Einheiten pro ml (KBE/ml), bei der 1:5 365 KBE/ml und bei der 1:20 552 KBE/ml gezählt wurden. Am zweithäufigsten waren die violetten Kolonien, die Anzahl der KBE/ml dieser violetten Kolonien stieg allerdings bei einer höheren Verdünnung an. Während es bei der 1:10 Verdünnung noch 400 KBE/ml waren, konnte man bei der 1:5 Verdünnung nur noch 285 KBE/ml beziehungsweise bei der 1:2 Verdünnung 160 KBE/ml zählen. Generell weicht die Gesamtanzahl der KBE/ml bei der 1:10 Verdünnung von den beiden anderen Verdünnungen ab. So zeigt sich bei der 1:10 Verdünnung eine gesamte Kolonienanzahl von 640 KBE/ml. Bei der 1:5 Verdünnung waren es 815 KBE/ml und bei der 1:2 Verdünnung 864 KBE/ml. Die genauen Auszählungen sind in Tabelle 12 bis 14 angeführt, Abbildung 1 bis 3 stellen die jeweiligen Ausplattierungen dar.

Tabelle 12: Auszählen der Kolonien der 1:10 Verdünnung: 100 µl des Abwassers, ein Zulauf, wurde auf CHROMagar™ CPE ausplattiert und die KBE/ml gezählt.

1:10 Verdünnung (100 µl)	
Morphologie	**Kolonie bildende Einheiten (KBE) pro ml**
blaue Kolonien	330 KBE/ml
türkise Kolonien	40 KBE/ml
violette Kolonien	400 KBE/ml
cremefärbige Kolonien	170 KBE/ml
Kolonien gesamt	640 KBE/ml

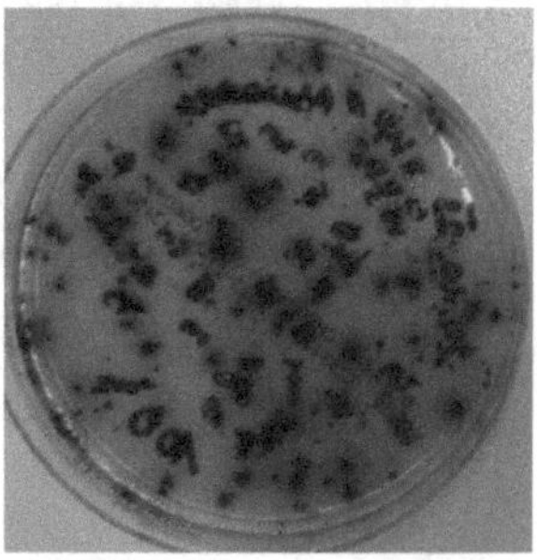

Abbildung 1: Darstellung des Wachstums bei der 1:10 Verdünnung des Zulaufs auf CHROMagar™ CPE: Auch hier ist deutlich erkennbar, dass vor allem blaue und violette Kolonien vorhanden sind.

Tabelle 13: Auszählen der Kolonien der 1:5 Verdünnung: 200 µl des Abwassers, ein Zulauf, wurde auf CHROMagar™ CPE ausplattiert und die KBE/ml gezählt.

1:5 Verdünnung (200 µl)	
Morphologie	**Kolonie bildende Einheiten (KBE) pro ml**
blaue Kolonien	365 KBE/ml
türkise Kolonien	85 KBE/ml
violette Kolonien	285 KBE/ml
cremefärbige Kolonien	80 KBE/ml
Kolonien gesamt	815 KBE/ml

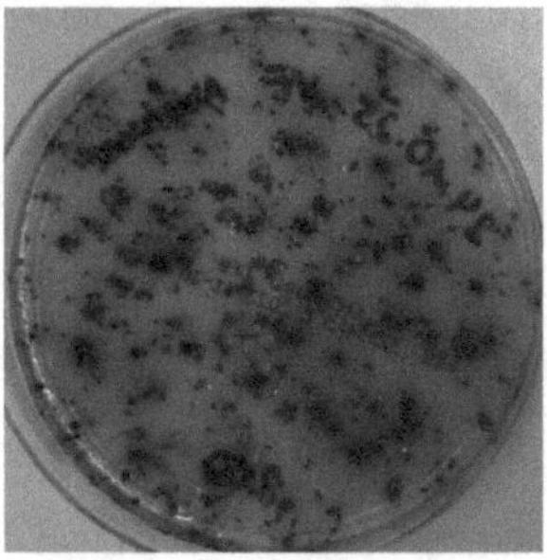

Abbildung 2: Darstellung des Wachstums bei der 1:5 Verdünnung des Zulaufs auf CHROMagar™ CPE: Auch hier ist deutlich erkennbar, dass vor allem blaue und violette Kolonien vorhanden sind. Hier ist bereits ein stärkeres Wachstum als bei der 1:10 Verdünnung zu erkennen.

Tabelle 14: Auszählen der Kolonien der 1:2 Verdünnung: 500 µl des Abwassers, ein Zulauf, wurde auf CHROMagar™ CPE ausplattiert und die KBE/ml gezählt.

1:2 Verdünnung (500 µl)	
Morphologie	**Kolonie bildende Einheiten (KBE) pro ml**
blaue Kolonien	552 KBE/ml

türkise Kolonien	48 KBE/ml
violette Kolonien	160 KBE/ml
cremefärbige Kolonien	260 KBE/ml
Kolonien gesamt	864 KBE/ml

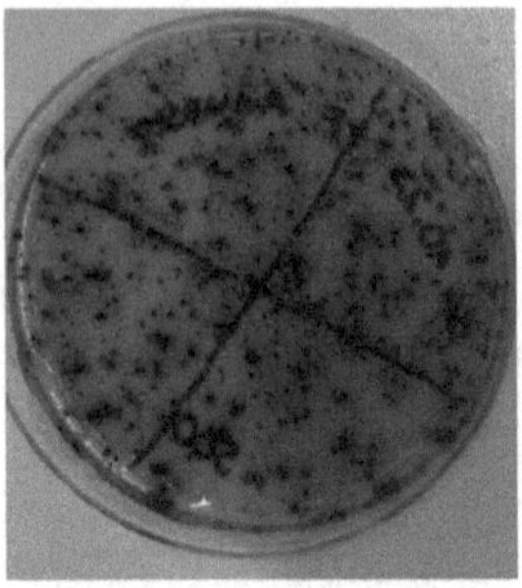

Abbildung 3: Darstellung des Wachstums bei der 1:2 Verdünnung des Zulaufs auf CHROMagar™ CPE: Auch hier ist deutlich erkennbar, dass vor allem blaue und violette Kolonien vorhanden sind. Ein dichter Bakterienrasen ist vorhanden.

Auch vom Abwasser, das am 22. November 2023 ins Labor kam, wurden zunächst die Kolonien vom Zulauf auf den einzelnen Platten bewertet und ausgezählt. Bei den Ausplattierungen auf MacConkey Agar waren violette und hellrosa Kolonien erkennbar. Die 10^{-2} Verdünnung wies 1172000 KBE/ml auf und die 10^{-3} Verdünnung 1180000 KBE/ml. Beide wurden jeweils bei 37°C inkubiert. Bei den Chromatic CRE und den CHROMagar™ CPE gab es jeweils bei den 10^{-2} kein bis sehr wenig Wachstum. Die Ausplattierungen auf dem Chromagar, wo 50 µl des unverdünnten Zulaufs ausplattiert wurden, zeigten Kolonien unterschiedlicher Morphologien vor allem in verschiedenen blau und violett Tönen. Auch gab es bei den Kolonien der jeweiligen Farben unterschiedliche Ausprägungen, so erschienen manche eher gräulich blau oder grell blau. Generell waren mehr KBE/ml auf der Chromatic CRE mit 6720 KBE/ml bei 37°C Inkubation beziehungsweise 640 KBE/ml bei 42°C Inkubation zu erkennen als auf dem CHROMagar™ CPE mit 3450 KBE/ml bei 37°C Inkubation beziehungsweise 400 KBE/ml bei 42°C Inkubation. Auf den Chromocult® Coliformen-Agar zeigten sich dunkelblaue, violette und rosa Kolonien. Bei der 10^{-2} Verdünnung konnten insgesamt 892000 KBE/ml und bei der 10^{-3} Verdünnung 1040000 KBE/ml gezählt werden. Beide wurden bei 37°C für 24 Stunden inkubiert.

Bei den Auszählungen kann man erkennen, dass sich bei einer Inkubation von 42°C bei allen Platten eine geringere Gesamtanzahl der KBE/ml gegenüber einer Inkubation von 37°C zeigte. Bei den MacConkey, Chromatic CRE und CHROMagar™ CPE waren ungefähr 90 % weniger Kolonien vorhanden als bei einer Inkubation von 42°C. Bei den Chromocult® Coliformen-Agar verringerte sich die Anzahl der KBE/ml nur um zirka 13 %. Tabelle 15 bis 18 zeigen diese Auszählungen und Abbildung 4 bis 6 die jeweiligen Ausplattierungen.

Tabelle 15: Auszählung der Kolonien auf den MacConkey Agar bei 10^{-2} und 10^{-3} Verdünnung des Zulaufs mit einer jeweiligen Inkubation von 37°C und 42°C.

MacConkey 10^{-2} Verdünnung 37°C	
Morphologie	**KBE/ml**
violette Kolonien	1112000 KBE/ml
hellrosa Kolonien	60000 KBE/ml
Kolonien gesamt	1172000 KBE/ml

MacConkey 10^{-2} Verdünnung 42°C	
Morphologie	**KBE/ml**
große violette Kolonien	126000 KBE/ml
hellrosa große Kolonien	14000 KBE/ml
kleine violette Kolonien	258000 KBE/ml
kleine hellrosa Kolonien	168000 KBE/ml
Kolonien gesamt	566000 KBE/ml

MacConkey 10^{-3} Verdünnung 37°C	
Morphologie	**KBE/ml**
violette Kolonien	920000 KBE/ml
hellrosa Kolonien	260000 KBE/ml
Kolonien gesamt	1180000 KBE/ml

MacConkey 10^{-3} Verdünnung 42°C	
Morphologie	**KBE/ml**
violette Kolonien	40000 KBE/ml
hellrosa Kolonien	60000 KBE/ml
Kolonien gesamt	100000 KBE/ml

Tabelle 16: Auszählen der Kolonien auf Chromatic CRE: 50 µl des Zulaufs wurden einmal unverdünnt ausplattiert und es wurde eine 10^{-2} Verdünnung erstellt, bei der allerdings kein Wachstum vorhanden war. Alle Platten wurden jeweils wieder bei 37°C und 42°C inkubiert.

Chromatic CRE unverdünnt 37°C	
Morphologie	**KBE/ml**
lila/bläuliche Kolonien	60 KBE/ml
violette Kolonien	40 KBE/ml
gräulich blaue Kolonien	120 KBE/ml
türkise Kolonien	20 KBE/ml
grell blaue Kolonien	60 KBE/ml
große cremefärbige ausgezogene Kolonien	180 KBE/ml
cremefärbige kleine/mittelgroße Kolonien	6240 KBE/ml
Kolonien gesamt	6720 KBE/ml

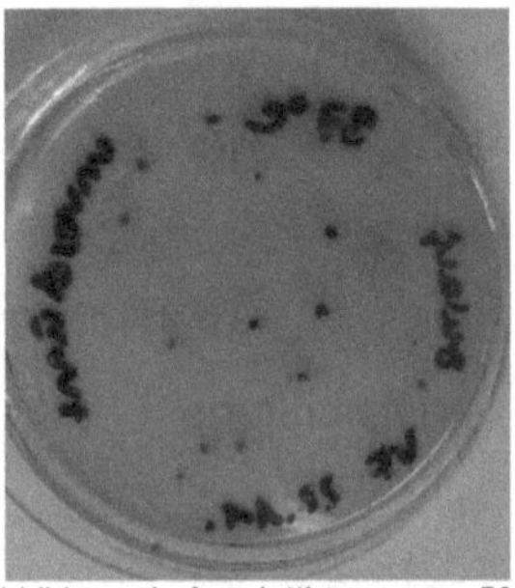

Abbildung 4: Ausplattierung von 50 µl eines unverdünnten Zulaufs auf Chromatic CRE bei einer Inkubation von 37°C.

Chromatic CRE unverdünnt 42°C	
Morphologie	**KBE/ml**
lila/bläuliche Kolonien	20 KBE/ml
lila große ausgezogene Kolonien	20 KBE/ml
kleine violette Kolonien	40 KBE/ml
grell blaue kleine Kolonien	20 KBE/ml
dunkelblaue kleine Kolonien	20 KBE/ml
große ausgezackte cremefärbige Kolonien	400 KBE/ml
kleine runde cremefärbige Kolonien	120 KBE/ml
Kolonien gesamt	640 KBE/ml

Chromatic CRE 10^{-2} Verdünnung 37°C
kein Wachstum

Chromatic CRE 10^{-2} Verdünnung 42°C
kein Wachstum

Tabelle 17: Auszählen der Kolonien auf CHROMagar™ CPE: 50 µl des Zulaufs wurden einmal unverdünnt ausplattiert und es wurde eine 10^{-2} Verdünnung erstellt, bei der allerdings kaum ein Wachstum vorhanden war. Alle Platten wurden jeweils wieder bei 37°C und 42°C inkubiert.

CHROMagar™ CPE unverdünnt 37°C	
Morphologie	**KBE/ml**
dunkelblaue Kolonien mit türkisen Auslauf	40 KBE/ml
kleine blaue, leicht grünliche Kolonien	160 KBE/ml
kleine dunkelblaue Kolonien	20 KBE/ml
pastell hellblaue kleine Kolonien	80 KBE/ml
violette/blaue Kolonien	200 KBE/ml
violette kleine Kolonien	340 KBE/ml
violette gräulich kleine Kolonien	600 KBE/ml
große ausgezogene cremefärbige Kolonien	360 KBE/ml
kleine cremefärbige/weiße Kolonien	1520 KBE/ml
kleine durchsichtige Kolonien	400 KBE/ml
kleine gelbe Kolonien	40 KBE/ml
Kolonien gesamt	3450 KBE/ml

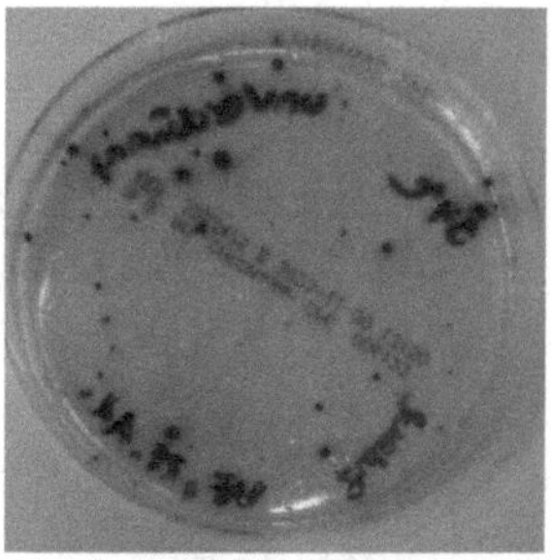

Abbildung 5: Ausplattierung von 50 µl eines unverdünnten Zulaufs auf CHROMagar™ CPE bei einer Inkubation von 37°C.

CHROMagar™ CPE unverdünnt 42°C	
Morphologie	**KBE/ml**
violette Kolonien	20 KBE/ml
cremefärbige/weiße Kolonien	240 KBE/ml
farblose kleine Kolonien	100 KBE/ml
ausgezogene große cremefärbige Kolonien	40 KBE/ml
Kolonien gesamt	400 KBE/ml

CHROMagar™ CPE 10^{-2} Verdünnung 37°C	
Morphologie	**KBE/ml**
cremefärbige weiße Kolonien	20 KBE/ml

CHROMagar™ CPE 10^{-2} Verdünnung 42°C
kein Wachstum

Tabelle 18: Auszählen der Kolonien auf Chromocult® Coliformen-Agar bei 10^{-2} und 10^{-3} Verdünnung des Zulaufs mit einer jeweiligen Inkubation von 37°C und 42°C.

Chromocult® Coliformen-Agar) 10^{-2} Verdünnung 37°C	
Morphologie	**KBE/ml**
dunkelblaue Kolonien	74000 KBE/ml
große violette Kolonien	172000 KBE/ml
kleine rosa Kolonien	640000 KBE/ml
ausgezogene weiße Kolonien	6000 KBE/ml
Kolonien gesamt	892000 KBE/ml

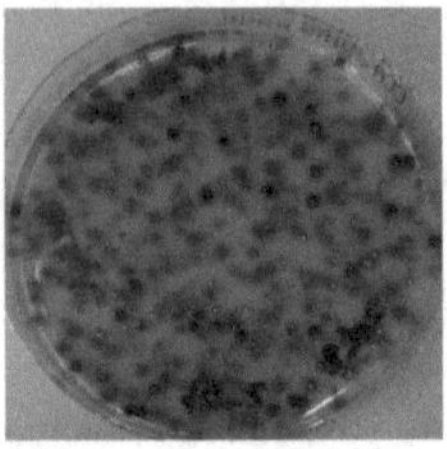

Abbildung 6: Ausplattierung auf Chromocult® Coliformen-Agar der 10^{-2} Verdünnung des Zulaufs bei einer Inkubation von 37°C.

Chromocult® Coliformen-Agar 10^{-2} Verdünnung 42°C	
Morphologie	**KBE/ml**
dunkelblaue große Kolonien	16000 KBE/ml
blaue violette große Kolonien	36000 KBE/ml
violette große Kolonien	174000 KBE/ml
violette kleine Kolonien	198000 KBE/ml
hellrosa/farblos kleine Kolonien	342000 KBE/ml
Kolonien gesamt	766000 KBE/ml

Chromocult® Coliformen-Agar 10^{-3} Verdünnung 37°C	
Morphologie	**KBE/ml**
dunkelblaue Kolonien	20000 KBE/ml
violette bläuliche Kolonien	20000 KBE/ml
violette/rosa/graue Kolonien	20000 KBE/ml
kleine violette Kolonien	40000 KBE/ml
große violette Kolonien und im Hintergrund lila	80000 KBE/ml
rosa mittelgroße Kolonien	820000 KBE/ml
cremefärbige Kolonien	40000 KBE/ml
Kolonien gesamt	1040000 KBE/ml

Chromocult® Coliformen-Agar 10^{-3} Verdünnung 42°C	
Morphologie	**KBE/ml**
große violette Kolonien	180000 KBE/ml
dunkelviolette große Kolonien	20000 KBE/ml
hellviolette kleine Kolonien	280000 KBE/ml
rosa mittelgroße Kolonien	380000 KBE/ml
cremefärbige Kolonien	60000 KBE/ml
Kolonien gesamt	920000 KBE/ml

Es erfolgte ebenfalls eine Auszählung der Platten mit dem Ablauf. Bei der Membranfiltration auf MacConkey Agar gab es allerdings ein zu starkes Wachstum, sodass eine Auszählung nicht möglich war. Auch bei der Membranfiltration auf Chromocult® Coliformen-Agar war ein sehr starkes Wachstum vorhanden, weshalb die Kolonienanzahl nur grob auf ungefähr 16 KBE/ml geschätzt werden konnte. Bei der Membranfiltration bei Chromatic CRE wurden 10,9 KBE/ml und bei CHROMagar™ CPE 9,4 KBE/ml gezählt, die Abbildungen 7 und 8 zeigen auch diese Membranfiltrationen.

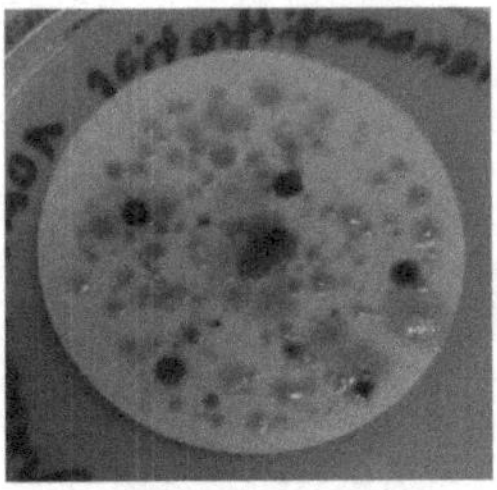

Abbildung 7: Membranfiltration auf Chromatic CRE.

Abbildung 8: Membranfiltration auf CHROMagar™ CPE.

Die Auszählung auf dem unverdünnten MacConkey Agar wird in Tabelle 19 dargestellt. Auch hier war ein sehr starkes Wachstum mit unterschiedlichen Morphologien der Kolonien erkennbar.

Tabelle 19: Auszählung der Kolonien des Ablaufes. 500 µl des Ablaufes wurde unverdünnt auf MacConkey Agar auplattiert und für 24 Stunden bei 37°C inkubiert. Danach erfolgte eine Bewertung der Kolonien.

MacConkey 500 µl unverdünnt	
Morphologie	**KBE/ml**
Matte/violette Kolonien	34 KBE/ml
Violette Kolonien	306 KBE/ml
Hellrosa Kolonien	304 KBE/ml
Kolonien gesamt	644 KBE/ml

Es wurden die MacConkey Platten vom Zulauf mit den Chromatic CRE und CHROMagar™ CPE Platten des Zulaufs verglichen, um erkennen zu können, wie viele von den gesamten Enterobacteriaceae Carbapenemase Bildner sind. Beim Vergleich mit dem Chromatic CRE Platten beim Zulauf zeigten 6720 KBE/ml von den gesamten 1180000 KBE/ml Enterobacteriaceae, also in etwa 0,6 %, eine Carbapenem-Resistenz. Bei den CHROMagar™ CPE waren es nur 3450 KBE/ml, folglich in etwa 0,3 %, die eine Carbapenemase Aktivität zeigten (Abbildung 9).

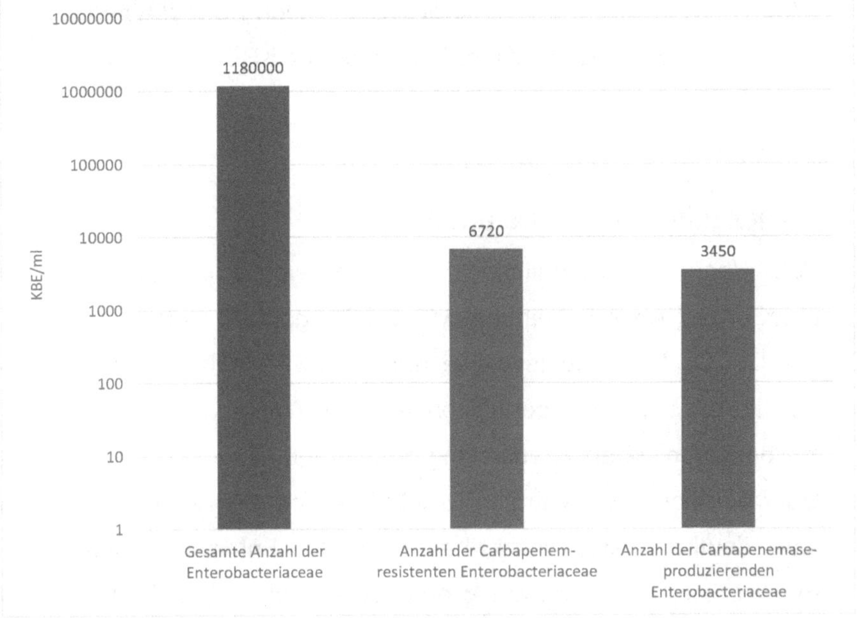

Abbildung 9: Vorkommen von Enterobacteriaceae, Carbapenem-resistenten und Carbapenemase-produzierenden Enterobacteriaceae im Zulauf. 1180000 KBE/ml konnten auf MacConkey Agar gezählt werden, was die gesamte Anzahl der Enterobacteriaceae widerspiegelt. Auf Chromatic CRE waren 6720 KBE/ml, diese zeigen die Anzahl der Carbapenem-resistenten Enterobacteriaceae. 3450 KBE/ml wurden auf den CHROMagar™ CPE gezählt. Dies gibt die Anzahl der Carbapenemase-produzierenden Enterobacteriaceae wider.

Des Weiteren wurde der Zulauf mit dem Ablauf verglichen. Wenn man die Ergebnisse der MacConkey Agar betrachtet, erkennt man, dass im Zulauf 1180000 KBE/ml Enterobacteriaceae vorhanden waren und im Ablauf nur noch 644 KBE/ml, das entspricht 0,055 % der KBE/ml des Zulaufs. Auch die Chromatic CRE und CHROMagar™ CPE Platten wurden dahingehend genauer begutachtet. Man kann feststellen, dass bei den Chromatic CRE im Zulauf noch 6720 KBE/ml Carbapenem-resistente Enterobacteriaceae waren, während es im Ablauf nach der Aufreinigung nur mehr 10,9 KBE/ml (folglich 0,2 %) waren. Auch bei den CHROMagar™ CPE kann Ähnliches verzeichnet werden. Von den zirka

3450 KBE/ml Carbapenemase-produzierenden Enterobacteriaceae im Zulauf, befanden sich im Ablauf nur noch 9,4 KBE/ml, das entspricht in etwa 0,3 %.

5.2 Identifikation der Bakterien

Von den unterschiedlichen Kolonien wurden Reinkulturen auf MacConkey Agar beziehungsweise LB Agar angefertigt und mittels MALDI-TOF-MS (und teilweise auch mit 16S rDNA Sequenzierung) identifiziert. Von den Ergebnissen der Identifikation wurden Abbildungen zur besseren Veranschaulichung angefertigt. Abbildung 10 zeigt einen Überblick über die gesamten Ergebnisse von allen Agarplatten, wobei hier deutlich wird, dass hauptsächlich Enterobacteriaceae und Proteobakterien im Abwasser gefunden wurden. Der Zulauf wird mit dem Ablauf verglichen. Generell wurden 211 Bakterienkolonien im Zulauf isoliert, während es beim Ablauf 90 waren. Beim Zulauf konnten auch mehr Enterobacteriaceae gefunden werden (141 von 211 Isolaten, 66,28 %) als im Ablauf (37 von 90 Isolaten, 41,11 %). Die Proteobakterien waren hingegen stärker im Ablauf (33 von 90 Isolaten, 36,67 %) als im Zulauf (44 von 211 Isolaten, 20,85 %) vertreten.

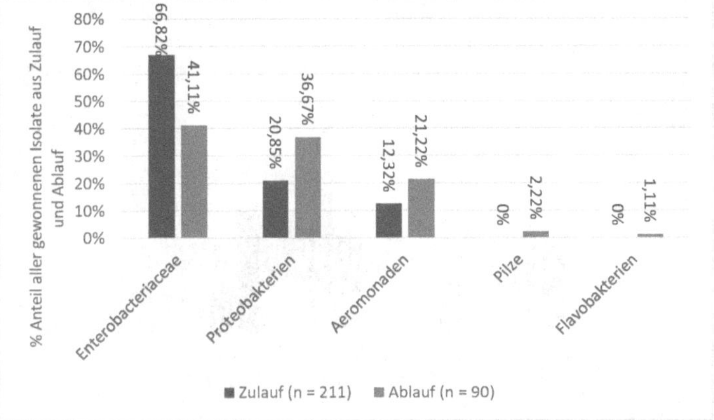

Abbildung 10: Übersicht aller MALDI-Ergebnisse von allen Isolaten (211 Isolate aus Zulauf, 90 Isolate aus Ablauf), die von allen verwendeten Agarplatten (MacConkey, Chromatic CRE, CHROMagar™ CPE und Chromocult® Coliformen-Agar), allen verwendeten Verdünnungen (unverdünnt, 10^{-2} und 10^{-3} Verdünnung) und auch Membranfiltrationen isoliert wurden.

Klebsiella ist die häufigste Spezies im Zulauf (42 von 211 Isolaten, 29,79 %), während *E. coli* die häufigste Spezies im Ablauf ist (21 von 37 Isolaten, 56,76 %). *Citrobacter* sind im Zulauf (30 von 211 Isolaten, 21,28 %) als auch im Ablauf (10 von 37 Isolate, 27,03 %) ungefähr gleich stark vertreten (Abbildung 11).

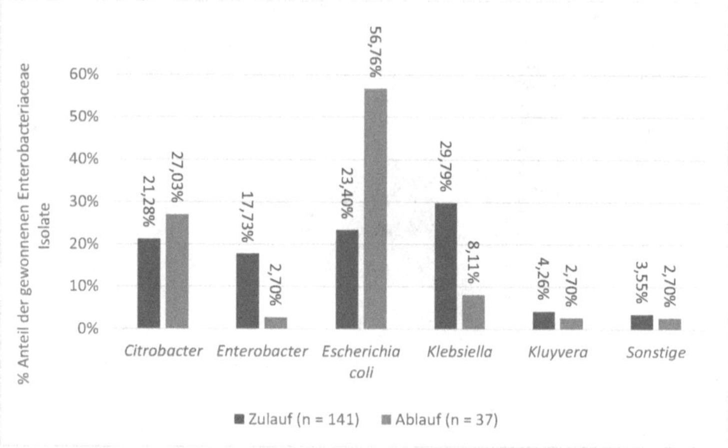

Abbildung 11: Übersicht aller identifizierten Enterobacteriaceae (142 Isolate aus Zulauf, 37 Isolate aus Ablauf), welche von allen Agarplatten (MacConkey, Chromatic CRE, CHROMagar™ CPE und Chromocult® Coliformen-Agar), allen verwendeten Verdünnungen (unverdünnt, 10^{-2} und 10^{-3} Verdünnung) und auch Membranfiltrationen isoliert wurden.

Abbildung 12 zeigt einen Vergleich der isolierten Bakterien von Chromatic CRE und CHROMagar™ CPE aus dem Zulauf. Am häufigsten wurden *Enterobacter* spp. detektiert. *Enterobacter* spp. stellten bei Chromatic CRE exakt die Hälfte (8 von 16 Isolaten) aller detektieren Enterobacteriaceae dar, während es bei CHROMagar™ CPE nur etwa ein Drittel war (16 von 45 Isolaten, 35,56 %). *Citrobacter* spp. wurden ausschließlich auf CHROMagar™ CPE gefunden (13 von 45 Isolaten, 28,89 %). *Klebsiella* spp. konnte auf beiden Platten mit etwa einem Viertel ungefähr gleich häufig detektiert werden (CHROMagar™ CPE: 10 von 45 Isolaten, 22,22 %; Chromatic CRE: 4 von 16 Isolaten, 25,00 %).

Beim Ablauf konnten keine Enterobacteriaceae Isolate von CHROMagar™ CPE gewonnen werden. Auf Chromatic CRE konnte nur ein *Citrobacter* isoliert werden.

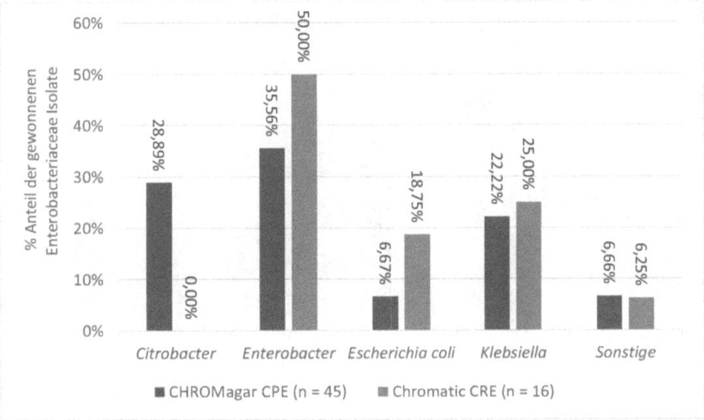

Abbildung 12: Detektierte Enterobacteriaceae aus dem Zulauf auf CHROMagar™ CPE (n = 45) und Chromatic CRE (n = 16). Alle hier in die Auswertung hineingeflossenen Ergebnisse entstammen von einem unverdünnten Zulauf, welcher in unterschiedlichen Volumina auf den Agarplatten ausplattiert wurde (500 µl, 200 µl, 100 µl, 50 µl).

Von den MacConkey Agar wurde ein Vergleich von den detektierten Enterobacteriaceae zwischen Zulauf und Ablauf erstellt. Beim Zulauf konnte am häufigsten *E. coli* (5 von 11 Isolaten, 45,45 %) identifiziert werden, während es beim Ablauf die *Citrobacter* spp. (7 von 15 Isolaten, 46,67 %) darstellten (Abbildung 13).

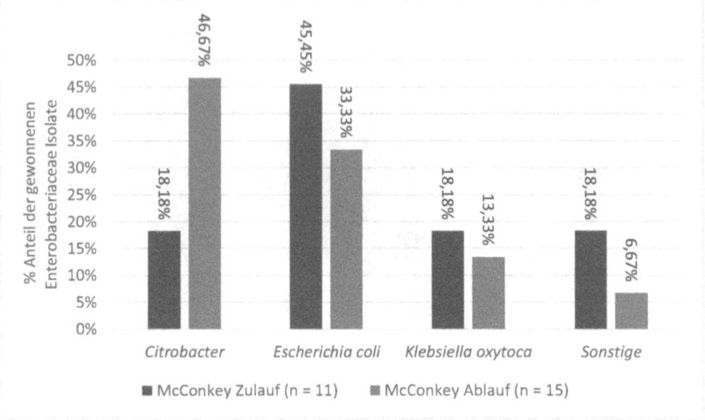

Abbildung 13: Vergleich der detektierten Enterobacteriaceae auf den MacConkey Agar zwischen Zulauf (n =11) und Ablauf (n = 15). Für die Auswertung wurden die 10^{-2} und 10^{-3} Verdünnungen des Zulaufs und der unverdünnte Ablauf (500 µl) herangezogen.

Auch von den Chromocult® Coliformen-Agar wurde ein Vergleich von den detektierten Enterobacteriaceae zwischen Zulauf und Ablauf erstellt. Im Ablauf konnten hauptsächlich *E. coli* (19 von 24 Isolaten, 79,17 %) festgestellt werden. Im Zulauf hingegen konnten mit ungefähr einem Drittel ziemlich gleich viele *E. coli* (21 von 66 Isolaten, 31,81 %) wie *Klebsiella* spp. (24 von 66 Isolaten, 36,36 %) festgestellt werden (Abbildung 14).

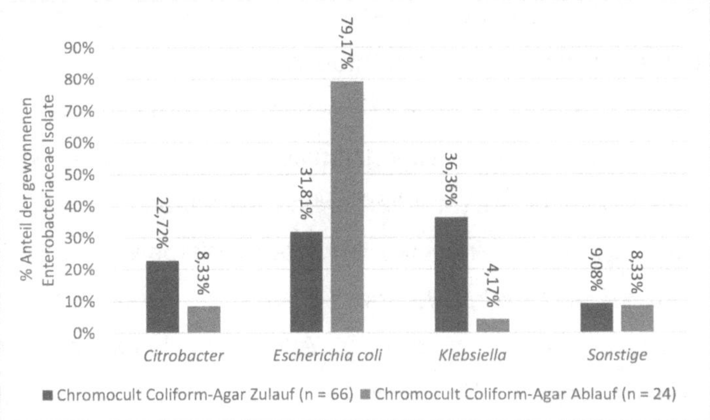

Abbildung 14: Vergleich der detektierten Enterobacteriaceae auf den Chromocult® Coliformen-Agar zwischen Zulauf (n = 66) und Ablauf (n = 24). Für die Auswertung wurden die 10^{-2} und 10^{-3} Verdünnungen des Zulaufs und die Membranfiltration des Ablaufes (10 ml) herangezogen.

5.3 Antibiogramme

Antibiogramme von den Enterobacteriaceae wurden angesetzt und ausgewertet. Es wird deutlich, dass im Ablauf beinahe keine Enterobacteriaceae Resistenzen gegenüber den getesteten Antibiotika zeigten. 125 Enterobacteriaceae von den 178 getesteten zeigten keine Resistenzen.

Enterobacter spp. (n = 26) zeigten am häufigsten Resistenzen oder lagen im Intermediärbereich (Resistent: n = 15; Intermediär: n = 3). Am häufigsten waren Resistenzen gegen TGC (n = 8), gefolgt von FEP (n = 6), MEM (n = 6) und IPM (n = 4). Auch bei zwei isolierten *Kluyvera cryocrescens* konnte eine Resistenz gegen TGC festgestellt werden (n = 2). Alle anderen Bakterienspezies hatten allerdings keine Resistenz gegenüber diesem Antibiotikum.

Die zweithäufigste Bakterienspezies, welche Resistenzen aufwies oder im Intermediärbereich war, waren die *Citrobacter* spp. Insgesamt wurden 40 *Citrobacter* spp. getestet, 11 davon zeigten Resistenzen und zwei befanden sich im Intermediärbereich. Diese zeigten am häufigsten Resistenzen gegen FEP (n = 11), gefolgt von MEM (n = 5) und IPM (n = 3). Ein ähnliches Resistenzmuster zeigte sich auch bei den resistenten oder im Intermediärbereich liegenden *E. coli* (54 wurden insgesamt getestet, einer lag im Intermediärbereich und 7 hatten Resistenzen) und *Klebsiella* spp. (45 wurden insgesamt getestet, 11 davon wiesen Resistenzen auf). Auch hier lagen am häufigsten Resistenzen gegen FEP, IPM und MEM vor. Nur ein getesteter Enterobacteriaceae wies Resistenzen gegen CL auf. Allerdings handelte es sich dabei um die Bakterienspezies *Serratia marcescens*, welche eine intrinsische Resistenz gegen CL aufweist. Keine weiteren Resistenzen wurden bei diesem Bakterium festgestellt. Tabelle 20 zeigt die Auswertung der Antibiogramme von den Enterobacteriaceae, welche Resistenzen aufwiesen oder im Intermediärbereich lagen.

Tabelle 20: Auswertung der Antibiogramme von den Enterobacteriaceae, welche Resistenzen zeigten oder im Intermediärbereich lagen. Es werden hier die Hemmhofdurchmesser in mm angegeben, welche nach EUCAST-Kriterien ausgewertet wurden. Rot markiert sind Hemmhofdurchmesser, die eine Resistenz anzeigen. Gelb markiert sind Hemmhofdurchmesser im Intermediärbereich und farblos sind Hemmhofdurchmesser im sensiblen Bereich.

Isolat-ID	**Spezies**	**IPM**	**FEP**	**AN**	**TGC**	**MEM**	**CL**
2B22	*Citrobacter braakii*	30	22	17	20	23	13
2V9	*Citrobacter braakii*	23	24	23	22	24	13
5V12	*Citrobacter braakii*	21	13	24	24	8	13
5V14	*Citrobacter braakii*	30	24	16	21	23	14
5V4	*Citrobacter braakii*	18	18	24	22	8	12
5V6	*Citrobacter braakii*	29	23	17	23	30	13
1V28	*Citrobacter freundii*	17	18	21	20	17	13
2B2	*Citrobacter freundii*	0	0	17	18	0	14
2V8	*Citrobacter freundii*	20	17	24	19	17	13
CCA 10^{-2} 37°C KR4	*Citrobacter freundii*	27	10	25	22	34	13
CPE UV 37°C VB4	*Citrobacter freundii*	17	14	23	22	15	14
CPE UV 42°C V1	*Citrobacter freundii*	20	0	22	22	0	13
CRE A10 LA1V	*Citrobacter freundii*	20	22	23	20	19	13
1V17	*Enterobacter kobei*	24	26	24	17	18	14
CRE UV 37°C LB3	*Enterobacter hormaechei*	27	26	24	21	30	13

Isolat-ID	Spezies	IPM	FEP	AN	TGC	MEM	CL
1V15	*Enterobacter asburiae*	25	26	24	16	22	13
2V4	*Enterobacter asburiae*	24	26	24	16	23	12
5B3	*Enterobacter asburiae*	17	18	23	20	0	13
AB3	*Enterobacter asburiae*	17	16	22	20	14	13
AB4	*Enterobacter asburiae*	16	18	23	20	14	13
CRE UV 42°C LB1	*Enterobacter asburiae*	23	24	22	20	26	13
CRE UV 42°C GC1	*Enterobacter hormaechei*	26	21	24	20	25	13
2B25	*Enterobacter kobei*	21	29	24	17	19	13
2V3	*Enterobacter kobei*	20	28	24	17	17	13
2V5	*Enterobacter kobei*	15	12	14	20	12	13
5B29	*Enterobacter kobei*	20	26	24	15	0	13
5B6	*Enterobacter kobei*	22	27	22	16	8	13
5V13	*Enterobacter kobei*	23	21	15	19	20	12
5V17	*Enterobacter kobei*	27	18	15	19	19	13
CPE UV 37°C VB8	*Enterobacter kobei*	23	25	20	24	18	13
CRE UV 37°C LB2	*Enterobacter kobei*	21	29	22	17	19	13
5V1	*Escherichia coli*	22	23	27	21	19	13
5V5	*Escherichia coli*	18	19	23	24	18	13
5V8	*Escherichia coli*	18	17	24	20	16	13
A50U 4	*Escherichia coli*	31	25	22	19	30	13
CRE UV 37°C V1	*Escherichia coli*	18	17	27	23	18	13
CRE UV 42°C KV1	*Escherichia coli*	21	23	23	24	19	13
CRE UV 42°C KV2	*Escherichia coli*	21	21	22	23	21	13
MC 10^{-3} 37°C V5	*Escherichia coli*	29	18	18	22	30	13
1V26	*Klebsiella oxytoca*	18	22	18	23	16	12
5B20	*Klebsiella oxytoca*	18	21	14	21	16	13
5B23	*Klebsiella oxytoca*	20	22	22	22	19	14
AB6	*Klebsiella oxytoca*	24	26	26	18	11	13
CPE UV 37°C VB1	*Klebsiella oxytoca*	17	19	18	24	15	13
CPE UV 37°C VB3	*Klebsiella oxytoca*	18	20	19	23	16	14
CPE UV 37°C VB6	*Klebsiella oxytoca*	19	19	17	24	16	13
CPE UV 37°C VB7	*Klebsiella oxytoca*	18	20	18	23	16	13
5V9	*Klebsiella pneumoniae*	22	23	26	22	18	13
CRE UV 37°C KB1	*Klebsiella pneumoniae*	27	0	23	18	0	13
CRE UV 42°C HBK1	*Klebsiella pneumoniae*	20	22	27	21	10	14
CRE UV 42°C DBK1	*Klebsiella variicola*	17	21	27	22	17	14
1V22	*Kluyvera cryocrescens*	27	25	23	16	15	13
2V12	*Kluyvera cryocrescens*	24	25	20	14	16	13
AB7	*Raoultella ornithinolytica*	14	18	26	20	0	13
A50U 14_2	*Serratia marcescens*	27	30	23	19	30	0

*die roten Flächen zeigen Resistenzen; die gelben liegen im Intermediärbereich; die ungefärbten Flächen sind sensibel
*die Auswertungen sind in mm

Abbildung 15 zeigt, dass die Enterobacteriaceae am häufigsten Resistenzen gegenüber den Carbapenemen (Imipenem (18 von 178 Isolaten) und Meropenem (19 von 178 Isolaten)) und Cefepim (35 von 178 Isolaten) aufwiesen.

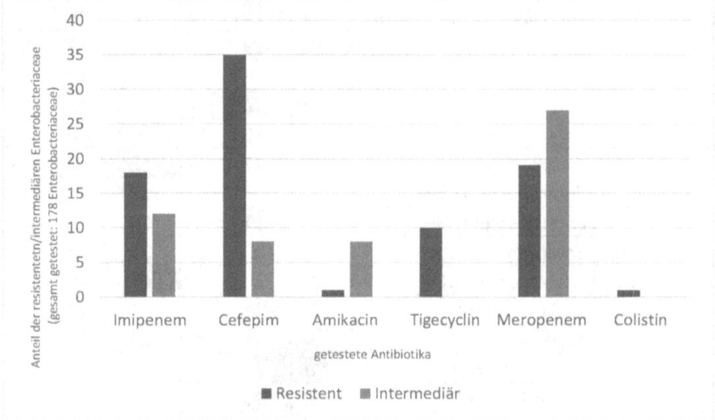

Abbildung 15: Anzahl der detektierten Resistenzen/Intermediärbereich, bei den Isolaten aus Zulauf und Ablauf isoliert von Chromocult® Coliformen-Agar, MacConkey Agar, CHROMagar™ CPE und Chromatic CRE.

Von den identifizierten *E. coli* und *K. pneumoniae*, die bei IPM oder MEM Resistenzen zeigten oder im Intermediärbereich waren, wurden zusätzliche Antibiotika getestet. Dasselbe gilt auch für die *K. oxytoca*, bei denen das Gen bla_{KPC-2} bestätigt wurde. All diese waren entweder gegenüber IPM oder MEM resistent oder lagen dahingehend im Intermediärbereich. Nur FEP zeigte zusätzlich bei allen Resistenzen. Bei einem *K. oxytoca* konnte zuvor eine AN Resistenz festgestellt werden (Tabelle 21). Es wird deutlich, dass TZP überall Resistenzen zeigte. *E. coli* wiesen bei GM keine Resistenzen auf, während die *K. oxytoca* in sechs von sieben Fällen resistent waren. Wenn man die Gesamtheit dieser getesteten Enterobacteriaceae betrachtet, so zeigt sich, dass diese Bakterien in 60 % der Fälle sensibel für SXT und MXF, zu 46,67 % sensibel für CIP und GM und zu 40 % sensibel für FOX waren.

Tabelle 21: Auswertung der Antibiogramme von jenen E. coli, K. pneumoniae, die zuvor bei IPM oder MEM Resistenzen zeigten oder im Intermediärbereich waren. Des Weiteren zeigt die Tabelle die Auswertung der Antibiogramme der K. oxytoca, bei denen das Gen bla$_{KPC-2}$ bestätigt wurde. Es werden hier die Hemmhofdurchmesser in mm angegeben, welche nach EUCAST-Kriterien ausgewertet wurden. Rot markiert sind Hemmhofdurchmesser, die eine Resistenz anzeigen. Gelb markiert sind Hemmhofdurchmesser im Intermediärbereich und farblos sind Hemmhofdurchmesser im sensiblen Bereich.

Isolat-ID	Spezies	GM	TZP	MXF	CIP	FOX	SXT	IPM	FEP	AN	TGC	MEM	CL
5V5	*Escherichia coli*	22	7	25	29	16	31	18	19	23	24	18	13
5V8	*Escherichia coli*	22	0	26	20	10	0	18	17	24	20	16	13
CRE UV 37°C V1	*Escherichia coli*	25	0	20	27	11	32	18	17	27	23	18	13
CRE UV 42°C KV1	*Escherichia coli*	21	9	21	22	14	0	21	23	23	24	19	13
CRE UV 42°C KV2	*Escherichia coli*	21	9	20	22	18	0	21	21	22	23	21	13
CRE UV 37°C KB1	*Klebsiella pneumoniae*	10	0	0	0	0	0	27	0	23	18	0	13
5V9	*Klebsiella pneumoniae*	22	0	17	20	18	31	22	23	26	22	18	13
CRE UV 42°C HBK1	*Klebsiella pneumoniae*	24	0	19	20	19	30	20	22	27	21	10	14
CPE UV 37°C VB1	*Klebsiella oxytoca*	10	0	24	25	19	30	17	19	18	24	15	13
5B23	*Klebsiella oxytoca*	15	0	23	23	19	0	20	22	22	22	19	14
CPE UV 37°C VB7	*Klebsiella oxytoca*	13	0	25	26	19	32	18	20	18	23	16	13
CPE UV 37°C VB6	*Klebsiella oxytoca*	13	0	26	29	16	31	19	19	17	24	16	13
CPE UV 37°C VB3	*Klebsiella oxytoca*	12	0	25	28	18	30	18	20	19	23	16	14
5B20	*Klebsiella oxytoca*	12	10	23	24	19	0	18	21	14	21	16	13
1V26	*Klebsiella oxytoca*	12	9	30	31	20	35	18	22	18	23	16	12

*die roten Flächen zeigen Resistenzen; die gelben sind weder sensibel, noch resistent; die ungefärbten Flächen sind sensibel
*die Auswertungen sind in mm

5.4 Sequenzierung der Carbapenemasen

Eine Sequenzierung der Carbapenemasen von den identifizierten Enterobacteriaceae wurde durchgeführt. Es konnten ausschließlich Gene für KPC-2 identifiziert werden und diese konnten zunächst in 20 und von den 56 getesteten Enterobacteriaceae nachgewiesen werden (Tabelle 22).

Tabelle 22: Ergebnisse der Sequenzierung der Carbapenemasen.

Proben-ID	Keimname	Sequenzierung der Carbapenemasen
1V15	*Enterobacter asburiae*	beta-lactamase KPC-2
1V21	*Enterobacter asburiae*	beta-lactamase KPC-2
1V26	*Klebsiella oxytoca*	beta-lactamase KPC-2
1V28	*Citrobacter freundii*	carbapenemase KPC-2
2B22	*Citrobacter braakii*	beta-lactamase KPC-2
2B25	*Enterobacter kobei*	carbapenemase KPC-2
2V18	*Citrobacter freundii*	beta-lactamase KPC-2

2V4	*Enterobacter asburiae*	beta-lactamase KPC-2
5B14	*Enterobacter kobei*	beta-lactamase KPC-2
5B23	*Klebsiella oxytoca*	beta-lactamase KPC-2
5V1	*Escherichia coli*	beta-lactamase KPC-2
5V13	*Enterobacter kobei*	carbapenem-hydrolyzing beta-lactamase KPC-2
5V17	*Enterobacter kobei*	beta-lactamase KPC-2
5V6	*Citrobacter braakii*	class A carbapenemase blaKPC-2
5V8	*Escherichia coli*	Chain A, Class A carbapenemase KPC-2
5V9	*Klebsiella pneumoniae*	carbapenemase type 2
AB7	*Raoultella ornithinolytica*	carbapenemase KPC type 2
AB4	*Enterobacter asburiae*	carbapenemase KPC-2
CRE UV 42°C HBK1	*Klebsiella pneumoniae*	carbapenem-hydrolyzing class A beta-lactamase KPC-2
CPE UV 37°C VB1	*Klebsiella oxytoca*	carbapenem-hydrolyzing class A beta-lactamase KPC-2

Bei drei dieser Isolate (1V21, 5B14, 2V18) war aber beim Agardiffusionstest keine Resistenz gegen Carbapeneme festgestellt worden. Daher wurden zusätzlich E-Tests für Meropenem und Imipenem durchgeführt.

Alle drei Isolate waren gegenüber Imipenem und Meropenem sensibel: 1V21 und 5B14 hatten bei Meropenem eine MHK von 0,5 µg/ml und bei Imipenem von 1,0 µg/ml (Abbildung 16 und 17).

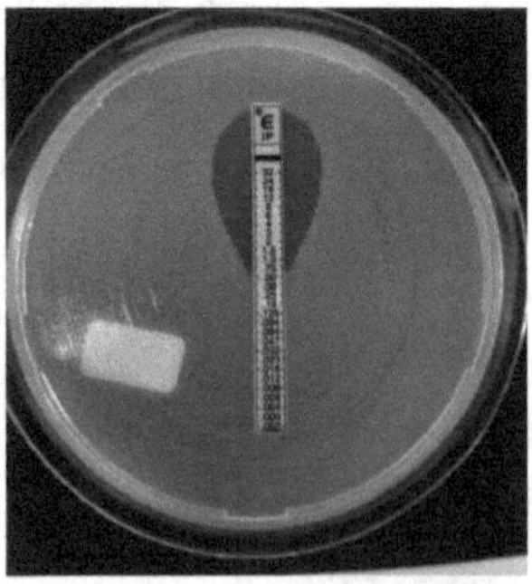

Abbildung 16: 5B14 E-Test Imipenem.

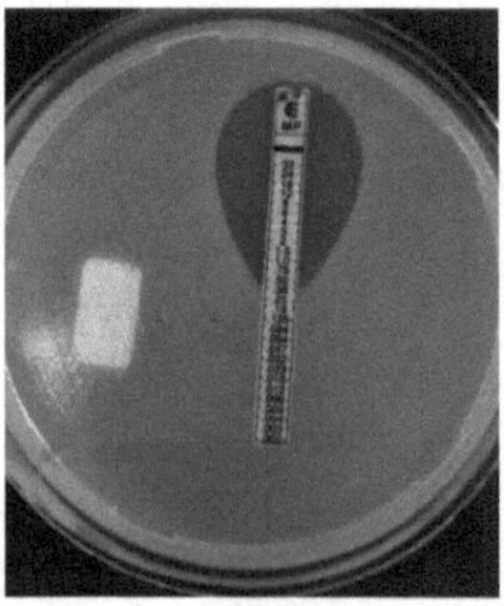

Abbildung 17: 5B14 E-Test Meropenem.

2V18 hingegen zeigte einen größeren Hemmhof, die MHK war für Imipenem und für Meropenem 0,5 µg/ml. Daher war auch dieses Isolat dahingehend sensibel (Abbildung 18 und 19).

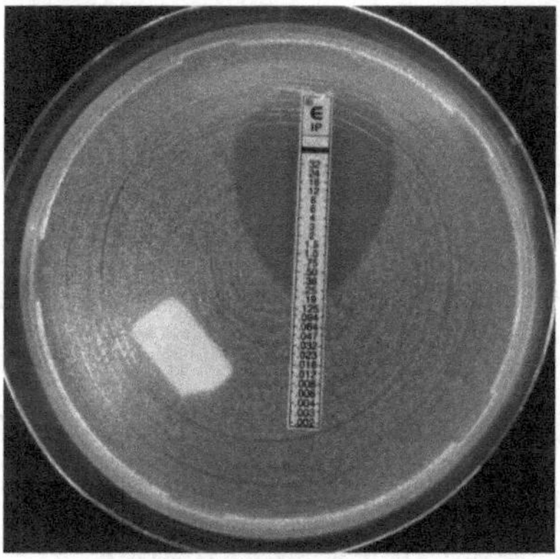

Abbildung 18: 2V18 E-Test Imipenem.

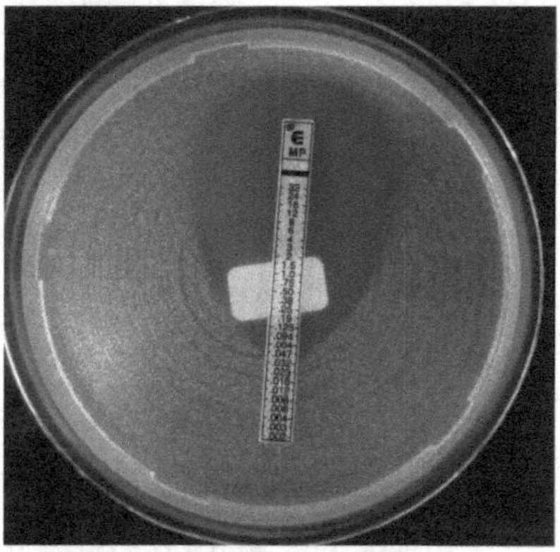

Abbildung 19: 2V18 E-Test Meropenem.

Von den Proben, die in der Sequenzierung negativ waren, wurden Rosco-Tests angesetzt. Dieser Test gab Hinweis darauf, dass sich in den Bakterien Gene für KPC und OXA-48-like sowie Metallo-Beta-Laktamasen befinden könnten (Tabelle 23).

Tabelle 23: Ergebnisse des Rosco-Tests.

Proben-ID	**Keimname**	**Ergebnis**
1V22	*Kluyvera cryocrescens*	eventuell Porinverlust oder Efflux-Pumpe
2V5	*Enterobacter kobei*	Metallo-Beta-Laktamase
5B20	*Klebsiella oxytoca*	KPC und OXA-48
5B29	*Enterobacter kobei*	KPC
5B3	*Enterobacter asburiae*	KPC und OXA-48
5B6	*Enterobacter kobei*	eventuell Porinverlust oder Efflux-Pumpe
5V5	*Escherichia coli*	KPC und OXA-48
AB3	*Enterobacter asburiae*	KPC und OXA-48
AB6	*Klebsiella oxytoca*	OXA-48
CPE UV 37°C VB3	*Klebsiella oxytoca*	KPC und OXA-48
CPE UV 37°C VB4	*Citrobacter freundii*	KPC
CPE UV 37°C VB6	*Klebsiella oxytoca*	KPC und OXA-48
CPE UV 37°C VB7	*Klebsiella oxytoca*	KPC

CPE UV 42°C V1	*Citrobacter freundii*	Metallo-Beta-Laktamase (eventuell auch OXA-48)
CRE UV 37°C KB1	*Klebsiella pneumoniae*	KPC und OXA-48 (eventuell auch Metallo-Beta-Laktamase)
CRE UV 37°C V1	*Escherichia coli*	KPC
CRE UV 42°C DBK1	*Klebsiella variicola*	KPC
CRE UV 42°C KV1	*Escherichia coli*	KPC
CRE UV 42°C KV2	*Escherichia coli*	KPC

Von den vier *E. coli*, die zuvor bei der Sequenzierung kein Ergebnis lieferten und bei denen nach dem Rosco-Test die Vermutung bestand, dass diese das Gen für KPC tragen könnten, wurden E-Tests mit Imipenem angesetzt. Während CRE UV 42°C KV1 und CRE UV 42°C KV2 einen MHK von 0,5 µg/ml aufwiesen und somit sensibel waren, zeigte CRE UV 37°C V1 eine MHK von 1 µg/ml und 5V5 von 2 µg/ml. Die beiden letztgenannten konnten dementsprechend im Intermediärbereich eingestuft werden.

Um die jeweiligen Enzyme, auf welcher der Rosco-Test hinwies, zu bestätigen, wurde nochmals eine Sequenzierung der Carbapenemasen durchgeführt, dies lieferte folgendes Ergebnis (Tabelle 24). Bei 11 von 18 untersuchten Isolaten konnte das Gen für KPC-2 festgestellt werden. Weiters wurde bei einem Isolat das Gen für GES-5 detektiert.

Tabelle 24: Ergebnisse der Sequenzierung auf Basis der Vorhersagen des Rosco-Test.

Proben-ID	**Keimname**	**Ergebnis Rosco-Test**	**Sequenzierergebnis**
2V5	*Enterobacter kobei*	Metallo-Beta-Laktamase	kein Ergebnis
5B20	*Klebsiella oxytoca*	KPC und OXA-48	carbapenem-hydrolyzing class A beta-lactamase KPC-2
5B29	*Enterobacter kobei*	KPC	extended-spectrum class A beta-lactamase GES-2
5B3	*Enterobacter asburiae*	KPC und OXA-48	carbapenem-hydrolyzing class A beta-lactamase KPC-2
5B6	*Enterobacter kobei*	eventuell Porinverlust oder Efflux-Pumpe	carbapenem-hydrolyzing class A beta-lactamase GES-5

5V5	*Escherichia coli*	KPC und OXA-48	carbapenem-hydrolyzing class A beta-lactamase KPC-2
AB3	*Enterobacter asburiae*	KPC und OXA-48	carbapenem-hydrolyzing class A beta-lactamase KPC-2
AB6	*Klebsiella oxytoca*	OXA-48	kein Ergebnis
CPE UV 37°C VB3	*Klebsiella oxytoca*	KPC und OXA-48	carbapenem-hydrolyzing class A beta-lactamase KPC-2
CPE UV 37°C VB4	*Citrobacter freundii*	KPC	beta-lactamase KPC-2
CPE UV 37°C VB6	*Klebsiella oxytoca*	KPC und OXA-48	Chain A, Class A carbapenemase KPC-2
CPE UV 37°C VB7	*Klebsiella oxytoca*	KPC	Chain A, Class A carbapenemase KPC-2
CPE UV 42°C V1	*Citrobacter freundii*	Metallo-Beta-Laktamase (eventuell auch OXA-48)	subclass B1 metallo-beta-lactamase IMP-2; ribosome biogenesis GTPase Der
CRE UV 37°C KB1	*Klebsiella pneumoniae*	KPC und OXA-48 (eventuell auch Metallo-Beta-Laktamase)	gyrase subunit B
CRE UV 37°C V1	*Escherichia coli*	KPC	carbapenem-hydrolyzing class A beta-lactamase KPC-2
CRE UV 42°C DBK1	*Klebsiella variicola*	KPC	carbapenem-hydrolyzing class A beta-lactamase KPC-2
CRE UV 42°C KV1	*Escherichia coli*	KPC	carbapenemase KPC-2
CRE UV 42°C KV2	*Escherichia coli*	KPC	kein Ergebnis

Von acht Proben und einer Positivkontrolle von $bla_{\text{OXA-48-like}}$ wurde nach der PCR zusätzlich eine Agarose-Gelelektrophorese durchgeführt. Dies soll als Kontrolle dienen, ob die PCR wirklich funktioniert hat. Bei der Agarose-Gelelektrophorese zeigte sich allerdings, dass sich nur die Positivkontrolle auf der erwarteten Bande (zirka 800 bp) befand, während die anderen entweder keine Bande zeigten oder an einer anderen Stelle zu sehen waren (Abbildung 20). Daher wurden die Proben nicht zur Sequenzierung eingesendet.

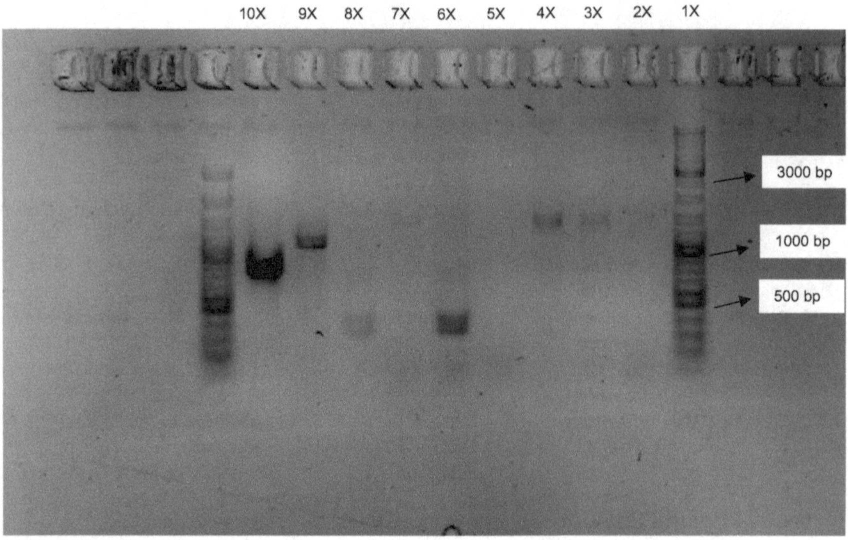

Abbildung 20: Agarose-Gelelektrophorese: verwendet wurde die DNA GeneRuler DNA Ladder Mix, ready-to-use (Thermo Scientific, Deutschland). Die Produktgröße von $bla_{OXA\text{-}48\text{-}like}$ *sollte bei 800 bp liegen und kann durch den Größenmarker identifiziert werden. Nur die Positivkontrolle liegt in dieser Bande. Auf den jeweiligen Banden liegen folgende Proben: 1X DNA-Ladder, 2X CPE UV 37°C KB1, 3X CPE UV 37°C VB6, 4X CPE UV 37°C VB3, 5X AB6, 6X AB3, 7X 5V5, 8X 5B3, 9X 5B20, 10X Positivkontrolle.*

Nachdem die Sequenzierung nochmals wiederholt wurde, wurde deutlich, dass insgesamt 31 Gene für KPC-2 in verschiedenen Enterobacteriaceae Spezies nachweisbar waren. Am häufigsten (in 10 von 31 Isolaten) waren sie bei den *Enterobacter* spp. zu finden. In 7 von 31 Isolaten konnte das Gen für KPC-2 bei *K. oxytoca* detektiert werden, gefolgt von *Citrobacter* spp. und *E. coli* mit jeweils 5 von 10 Isolaten (Abbildung 21).

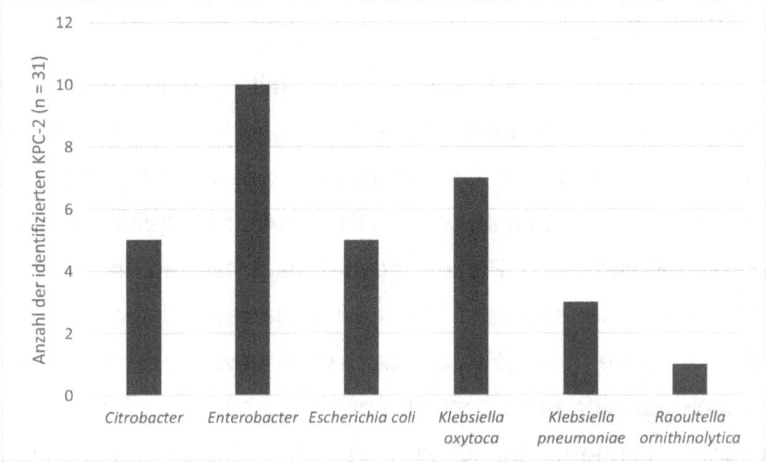

Abbildung 21: Vorkommen des Gens für KPC-2 in den getesteten Enterobacteriaceae Spezies: Insgesamt wurden 56 Enterobacteriaceae, welche bei den Antibiogrammen Resistenzen zeigten oder im Intermediärbereich lagen, auf das Gen für KPC-2 getestet. Bei 31 dieser Isolate konnte dieses Gen auch nachgewiesen werden. Diese Abbildung zeigt, in welchen Enterobacteriaceae Spezies das Gen für KPC-2 festgestellt werden konnte.

6 Diskussion

Es konnten Enterobacteriaceae mit Resistenzen gegen Reserveantibiotika aus dem Abwasser isoliert und identifiziert werden. Enterobacteriaceae mit Carbapenem-Resistenzen wurden in einem unerwartet hohen Ausmaß bei den Probennahmen gefunden. Denn bei den Chromatic CRE Platten beim Zulauf zeigten in etwa 0,6 % Carbapenem-Resistenzen von den gesamten Enterobacteriaceae, während es bei den CHROMagar™ CPE etwa 0,3 % waren. Dieses Ergebnis war vor allem deshalb überraschend, da verhältnismäßig zu anderen Ländern in Österreich die Resistenzlage bezüglich Carbapenem-resistenten Enterobacteriaceae gut ist. In Teilen von Südamerika, Südeuropa (vor allem Griechenland und Italien), Afrika, dem Nahen Osten (besonders Israel) und in Asien hingegen haben sich Carbapenem-resistente Enterobacteriaceae bereits endemisch verbreitet. In diesen Ländern ist das Vorkommen von diesen Bakterien auch steigend. So stieg in Griechenland die Zahl von unter 1 % im Jahr 2001 auf rund 70 % im Jahr 2012 an, in Italien von unter 2 % im Jahr 2008 auf rund 35 % im Jahr 2013. In Deutschland und in Österreich liegt hingegen die Prävalenz von Carbapenem-resistenten Enterobacteriaceae unter 1 % (34).

Des Weiteren wurde deutlich, dass sich im Ablauf nur etwa 0,055 % der Enterobacteriaceae des Zulaufs befanden. Das deutet darauf hin, dass die Aufreinigung in den Kläranalagen den gewünschten Effekt erzielen. Die verschiedenen Reinigungsstufen der Kläranlage führen dazu, die Bakterien zu eliminieren oder zumindest stark zu reduzieren. Daraus kann man schließen, dass die Kläranlage ordnungsgemäß betrieben wird, wie es bei einem normalen Kläranlagenbetrieb zu erwarten ist (29).

Bei den Antibiogrammen konnten bezüglich der Co-Resistenzen unerwartete Ergebnisse festgestellt werden. Es stellte sich heraus, dass die meisten Carbapenem-resistenten Enterobacteriaceae Isolate, abgesehen von Cefepim, sensibel gegen andere getestete Antibiotika waren. Von den 15 Enterobacteriaceae (5 *E. coli*, 3 *K. pneumoniae*, 7 *K. oxytoca*), welche zusätzlich noch mit nicht Reserveantibiotika getestet wurden, zeigten sich 60 % dieser sensibel für SXT und MXF und zu 46,67 % sensibel für CIP und GM. Das Fehlen von Co-Resistenzen kommt bei Isolaten von Menschen, vor allem aus dem klinischen Umfeld, hingegen sehr selten vor. In der Regel sind solche klinischen Isolate gegen eine Reihe weiterer Antibiotika resistent. Unter anderem sind so gut wie alle Carbapenem-resistenten Enterobacteriaceae auch gegen Chinolone resistent (35).

Betrachtet man den genetischen Hintergrund wurden Gene für $bla_{KPC\text{-}2}$ am häufigsten detektiert (55,36 %). Das ist bemerkenswert, da die Anzahl von Isolaten mit diesem Gen in Österreich aus dem klinischen Umfeld gering ist. So wurde im österreichischen Resistenzbericht 2021 bei 161 Carbapenem-resistenten Enterobacterales bei 6,7 % das Gen für KPC gefunden (36). Diese Erkenntnis zeigt, dass sich scheinbar das klinische Umfeld, die Normalbevölkerung und die Umwelt hinsichtlich der Selektion von einzelnen Resistenzgenen unterscheiden. Daher ist es möglich, dass KPC in der Normalbevölkerung häufiger vorkommt als im Krankenhaus.

K. pneumoniae ist normalerweise die Enterobacteriaceae Spezies, die am häufigsten das Gen für KPC-2 trägt (34). Bei den Analysen des Abwassers zeigte sich allerdings, dass verschiedenste Enterobacteriaceae Spezies, am häufigsten die *Enterobacter* spp., Gene für KPC-2 trugen. Diese Ergebnisse werfen einen neuen Blick auf die Verbreitung dieses Gens in unterschiedlichen Bakterienarten. Dieses Verbreitungspotenzial des Gens für KPC-2 kann auch auf seine Lokalisation auf Plasmiden zurückgeführt werden (22).

Es wurden auch Resistenzgene für OXA-48-like erwartet, denn hier lag der Prozentsatz beim Resistenzbericht bei 29,2 % (36). Allerdings konnte kein einziges detektiert werden. Das könnte daran liegen, dass Gene für OXA-48-like nur eine geringe *in vitro* Resistenz gegen Carbapeneme aufweisen und daher das Wachstum auf den verwendeten Carbapenem-resistenten Platten unterdrückt wurde (25). Allerdings war es auch nicht das Ziel der Studie, Gene für OXA-48-like zu finden.

Eine weitere neue Erkenntnis war die Detektion des Gens $bla_{GES\text{-}5}$ in den untersuchten Isolaten. Das war der erste Nachweis dieses Gens für Österreich. Dies unterstreicht die Bedeutung der genauen Charakterisierung von Resistenzmechanismen, um potenzielle neue Bedrohungen zu erkennen und angemessen darauf reagieren zu können.

7 Fazit und Ausblick

Carbapenemase tragende Enterobacteriaceae von klinischen Isolaten sind normalerweise multiresistent. Dagegen wiesen die in dieser Arbeit charakterisierten Isolate aus dem Abwasser deutlich weniger Co-Resistenzen auf. Die Bedeutung des Abwassermonitorings als Ergänzung zu Analysen von klinischen Isolaten zeigt sich am Beispiel des gefundenen Isolats mit dem Gen für GES-5. Dieses Gen wurde zuvor in österreichischen Proben noch nie nachgewiesen. Zusammenfassend sind die Resultate besorgniserregend, da eine große Anzahl der Enterobacteriaceae Resistenzen gegen Carbapeneme aufwiesen und dies bei einer an sich guten Resistenzsituation bei den klinischen Isolaten.

In Zukunft sollten weiterhin Analysen des Abwassers bezüglich Resistenzen auf Reserveantibiotika und deren Resistenzgenen durchgeführt werden, um einen besseren Einblick auf den Resistenzstatus in einem gewissen Einzugsgebiet zu erlangen. Die Ausbreitung dieser Resistenzen muss verfolgt werden, damit schneller darauf reagiert werden kann. Darüber hinaus ist dringend weitere Forschung zu alternativen Wirkstoffen und neuen Antibiotika erforderlich, um die Verbreitung von Bakterien mit unterschiedlichen Resistenzen effektiver einzudämmen. Es ist auch wichtig, den Umgang mit Antibiotika zu hinterfragen. Maßnahmen zur Vermeidung von falscher Antibiotikagabe und Überdosierung sind entscheidend, um möglichen Resistenzbildungen entgegenzuwirken.

8 Tabellenverzeichnis

9 Abbildungsverzeichnis

10 Literaturverzeichnis

1. van Duin D, Doi Y. The global epidemiology of carbapenemase-producing Enterobacteriaceae. Virulence. 11. August 2016;8(4):460–9.

2. Communications E. Taschenlehrbuch Medizinische Mikrobiologie [Internet]. [zitiert 27. Oktober 2023]. Verfügbar unter: https://eref-1thieme-1de-1yowh3uoj0090.perm.fh-joanneum.at/ebooks/cs_19316294?fromSearch=true&context=search/ebook_cs_19316294_cs122#/ebook_cs_19316294_cs3872

3. Bush K, Bradford PA. β-Lactams and β-Lactamase Inhibitors: An Overview. Cold Spring Harb Perspect Med. 8. Januar 2016;6(8):a025247.

4. Pitout JDD, Nordmann P, Laupland KB, Poirel L. Emergence of Enterobacteriaceae producing extended-spectrum β-lactamases (ESBLs) in the community. Journal of Antimicrobial Chemotherapy. 1. Juli 2005;56(1):52–9.

5. Potter RF, D'Souza AW, Dantas G. The rapid spread of carbapenem-resistant Enterobacteriaceae. Drug Resist Updat. November 2016;29:30–46.

6. Papp-Wallace KM, Endimiani A, Taracila MA, Bonomo RA. Carbapenems: Past, Present, and Future ▿. Antimicrob Agents Chemother. November 2011;55(11):4943–60.

7. Statista [Internet]. [zitiert 2. Februar 2024]. Reserveantibiotika: Carbapeneme-Resistenzen in Europa. Verfügbar unter: https://de.statista.com/statistik/daten/studie/1288105/umfrage/carbapeneme-resistenzen-in-europa/

8. Galler H, Feierl G, Petternel C, Reinthaler FF, Haas D, Grisold AJ, u. a. KPC-2 and OXA-48 carbapenemase-harbouring Enterobacteriaceae detected in an Austrian wastewater treatment plant. Clinical Microbiology and Infection. Februar 2014;20(2):O132–4.

9. Cimen C, Noster J, Stelzer Y, Rump A, Sattler J, Berends M, u. a. Surface water in Lower Saxony: A reservoir for multidrug-resistant Enterobacterales. One Health. Dezember 2023;17:100606.

10.Karkman A, Do TT, Walsh F, Virta MPJ. Antibiotic-Resistance Genes in Waste Water. Trends in Microbiology. 1. März 2018;26(3):220–8.

11.Johar AA, Salih MA, Abdelrahman HA, Mana HA, Hadi HA, Eltai NO. Wastewater-based epidemiology for tracking bacterial diversity and antibiotic resistance in COVID-19 isolation hospitals in Qatar. Journal of Hospital Infection. 1. November 2023;141:209–20.

12.Percival SL, Williams DW. Chapter Six - Escherichia coli. In: Percival SL, Yates MV, Williams DW, Chalmers RM, Gray NF, Herausgeber. Microbiology of Waterborne Diseases (Second Edition) [Internet]. London: Academic Press; 2014 [zitiert 15. Januar 2024]. S. 89–117. Verfügbar unter: https://www.sciencedirect.com/science/article/pii/B9780124158467000068

13.Dong N, Yang X, Chan EWC, Zhang R, Chen S. Klebsiella species: Taxonomy, hypervirulence and multidrug resistance. EBioMedicine. 8. April 2022;79:103998.

14.Denissen J, Reyneke B, Waso-Reyneke M, Havenga B, Barnard T, Khan S, u. a. Prevalence of ESKAPE pathogens in the environment: Antibiotic resistance status, community-acquired infection and risk to human health. International Journal of Hygiene and Environmental Health. 1. Juli 2022;244:114006.

15.Farhadi M, Ahanjan M, Goli HR, Haghshenas MR, Gholami M. High frequency of multidrug-resistant (MDR) Klebsiella pneumoniae harboring several β-lactamase and integron genes collected from several hospitals in the north of Iran. Ann Clin Microbiol Antimicrob. 28. September 2021;20:70.

16.Paterson DL, Bonomo RA. Extended-Spectrum β-Lactamases: a Clinical Update. Clinical Microbiology Reviews. Oktober 2005;18(4):657–86.

17.Koch R. Epidemiologisches Bulletin 28 / 2007. 2007;

18.Noster J, Thelen P, Hamprecht A. Detection of Multidrug-Resistant Enterobacterales—From ESBLs to Carbapenemases. Antibiotics. September 2021;10(9):1140.

19.Thirapanmethee K. Extended Spectrum β-Lactamases: Critical Tools of Bacterial Resistance. In 2012 [zitiert 6. November 2023]. Verfügbar unter: https://www.semanticscholar.org/paper/Extended-Spectrum- %CE %B2-Lactamases %3A-Critical-Tools-of-Thirapanmethee/0b13bebf6d4c5bc737d410700f432ed2e7cf4ae0

20.Cantón R, González-Alba JM, Galán JC. CTX-M Enzymes: Origin and Diffusion. Front Microbiol. 2. April 2012;3:110.

21.Durante-Mangoni E, Andini R, Zampino R. Management of carbapenem-resistant Enterobacteriaceae infections. Clinical Microbiology and Infection. 1. August 2019;25(8):943–50.

22.Queenan AM, Bush K. Carbapenemases: the Versatile β-Lactamases. Clin Microbiol Rev. Juli 2007;20(3):440–58.

23.Piccirilli A, Mercuri PS, Galleni M, Aschi M, Matagne A, Amicosante G, u. a. P174E Substitution in GES-1 and GES-5 β-Lactamases Improves Catalytic Efficiency toward Carbapenems. Antimicrob Agents Chemother. 26. April 2018;62(5):e01851-17.

24.Klein R, Cendron L, Montanari M, Bellio P, Celenza G, Maso L, u. a. Targeting the Class A Carbapenemase GES-5 via Virtual Screening. Biomolecules. 14. Februar 2020;10(2):304.

25.Boyd SE, Holmes A, Peck R, Livermore DM, Hope W. OXA-48-Like β-Lactamases: Global Epidemiology, Treatment Options, and Development Pipeline. Antimicrob Agents Chemother. 66(8):e00216-22.

26.Mtetwa HN, Amoah ID, Kumari S, Bux F, Reddy P. Wastewater-Based Surveillance of Antibiotic Resistance Genes Associated with Tuberculosis Treatment Regimen in KwaZulu Natal, South Africa. Antibiotics. November 2021;10(11):1362.

27.Lupan I, Carpa R, Oltean A, Kelemen BS, Popescu O. Release of Antibiotic Resistant Bacteria by a Waste Treatment Plant from Romania. Microbes Environ. September 2017;32(3):219–25.

28.Miłobedzka A, Ferreira C, Vaz-Moreira I, Calderón-Franco D, Gorecki A, Purkrtova S, u. a. Monitoring antibiotic resistance genes in wastewater environments: The challenges of filling a gap in the One-Health cycle. Journal of Hazardous Materials. 15. Februar 2022;424:127407.

29.Wie funktioniert eine Kläranlage? [Internet]. [zitiert 25. Dezember 2023]. Wie funktioniert eine Kläranlage? Verfügbar unter: https://info.bml.gv.at/themen/wasser/wasserqualitaet/abwasserreinigung/klaeranlage.html

30.ChatGPT [Internet]. [zitiert 1. Februar 2024]. Verfügbar unter: https://chat.openai.com

31.Aseptic Laboratory Techniques: Plating Methods | Protocol (Translated to German) [Internet]. [zitiert 27. Februar 2024]. Verfügbar unter: https://www.jove.com/de/v/3064/aseptic-laboratory-techniques-plating-methods?language=German

32.eucast: Clinical breakpoints and dosing of antibiotics [Internet]. [zitiert 27. Februar 2024]. Verfügbar unter: https://www.eucast.org/clinical_breakpoints

33.Arnemann J. 16S-rDNA-Sequenzierung. In: Gressner AM, Arndt T, Herausgeber. Lexikon der Medizinischen Laboratoriumsdiagnostik [Internet]. Berlin, Heidelberg: Springer; 2018 [zitiert 28. Januar 2024]. S. 1–1. (Springer Reference Medizin). Verfügbar unter: https://doi.org/10.1007/978-3-662-49054-9_3636-1

34.Arzneimittelkommission der deutschen Ärzteschaft [Internet]. 2016 [zitiert 12. März 2024]. Epidemiologie und Therapie von Infektionen durch Carbapenem-resistente Enterobakterien (CRE) in Deutschland. Verfügbar unter: https://www.akdae.de/arzneimitteltherapie/arzneiverordnung-in-der-praxis/ausgaben-archiv/ausgaben-ab-2015/ausgabe/artikel?tx_lnsissuearchive_articleshow %5Baction %5D=show&tx_lnsissuearchive_articleshow %5Barticle %5D=4454&tx_lnsissuearchive_articleshow %5Bcontroller %5D=Article&tx_lnsissuearchive_articleshow %5Bissue %5D=10&tx_lnsissuearchive_articleshow %5Byear %5D=2016&cHash=97fb035275772834baaef046cfe3e803

35.Fritzenwanker M, Imirzalioglu C, Herold S, Wagenlehner FM, Zimmer KP, Chakraborty T. Treatment Options for Carbapenem-Resistant Gram-Negative Infections. Deutsches Ärzteblatt International. Mai 2018;115(20–21):345.

36.Bundesministerium für Soziales, Gesundheit, Pflege und Konsumentenschutz (BMSGPK). Resistenzbericht Österreich – AURES 2021.

11 Abkürzungsverzeichnis

AN	Amikacin
CIP	Ciprofloxacin
CL	Colistin
DNA	Desoxyribonukleinsäure
ESBL	Extended-Spectrum-Beta-Laktamase
E-Test	Epsilometertest
FOX	Cefoxitin
GES	Guiana extended spectrum
GM	Gentamicin
IMP	Imipenemasen
IPM	Imipenem
KBE/ml	Kolonien bildende Einheiten pro ml
KI	Künstliche Intelligenz
KPC	Klebsiella pneumoniae Carbapenemase
MALDI-TOF	Matrix-Assisted Laser Desorption/Ionization Time Of Flight
MDR	Multi Drug Resistance
MEM	Meropenem
MHK	Mindesthemmkonzentration
MRP10	Meropenem 10 µg
MRPBO	Meropenem 10 µg + Phenylboronsäure
MRPCX	Meropenem 10 µg + Cloxacillin
MRPDP	Meropenem 10 µg + Dipicolinsäure
MXF	Moxifloxacin
NaCl	Natriumchlorid
NDM	Neu-Delhi-Metallo-Beta-Laktamasen
OXA	Oxacillinase
PBP	Penicillin-bindende Protein
PCR	Polymerase Chain Reaction
rDNA	ribosomale Desoxyribonukleinsäure
SXT	Trimethoprim/Sulfamethoxazol
TEMOC	Temocillin 30 µg
TGC	Tigecyclin
TZP	Piperacilin/Tazobactam
VIM	Verona-Integron-Encoded-Metallo-Beta-Laktamasen

FSC
www.fsc.org
MIX
Papier | Fördert
gute Waldnutzung
FSC® C083411

Kolibri 360 GmbH
Ferdinand-Jühlke-Straße 7
99095 Erfurt, Deutschland
produktsicherheit@kolibri360.de

Druck:
CPI Druckdienstleistungen GmbH
im Auftrag der
Kolibri 360 GmbH
Ferdinand-Jühlke-Str. 7
99095 Erfurt